U0337525

005

筑苑·尘满疏窗

姚慧 著

中国建材工业出版社

图书在版编目(CIP)数据

尘满疏窗：中国古代传统建筑文化拾碎/姚慧著．—北京：中国建材工业出版社，2017.9

（筑苑）

ISBN 978-7-5160-1939-9

Ⅰ.①尘… Ⅱ.①姚… Ⅲ.①古建筑-建筑艺术-中国 Ⅳ.①TU-092.2

中国版本图书馆 CIP 数据核字（2017）第 167016 号

筑苑·尘满疏窗

姚 慧 著

出版发行：中国建材工业出版社

地 址：北京市海淀区三里河路 1 号

邮政编码：100044

经 销：全国各地新华书店

印 刷：北京天恒嘉业印刷有限公司

开 本：710mm×1000mm 1/16

印 张：14.75 印张

字 数：320 千字

版 次：2017 年 9 月第 1 版

印 次：2017 年 9 月第 1 次

定 价：49.80 元

本社网址：www.jccbs.com 微信公众号：zgjcgycbs

本书如出现印装质量问题，由我社市场营销部负责调换。联系电话：(010)88386906

以心築苑
人作天開

築苑叢書雅存 丁酉端午

孟兆禎

孟兆祯先生题字

中国工程院院士．北京林业大学教授

丁酉仲夏

文以載道

傳承創新

謝辰生題

時年九十又六

谢辰生先生题字

国家文物局顾问

筑苑·尘满疏窗

主办单位

中国建材工业出版社

中国民族建筑研究会民居建筑专业委员会

扬州意匠轩园林古建筑营造股份有限公司

本卷著者

姚　慧

策划编辑

孙　炎　章　曲　沈　慧

本卷责任编辑

沈　慧

版式设计

汇彩设计

投稿邮箱：815293083@qq.com

联系电话：010-88376510

传　　真：010-68343948

筑苑微信公众号

中国建材工业出版社
《筑苑》理事单位

前　言

对古老文明的中华文化遗产，我们时刻要怀着一种尊崇，保持一份敬畏。尤其是从人类赖以生存的物质环境、先人的栖居之所而衍生出的建筑文化，影响到我们生活的方方面面，更是渗透到我们的文化基因和灵魂当中。但现实中，对古建筑遗存这一承载传统文化活化石的尊重和守护还远远不够。一方面，破坏、拆毁历史建筑的事件依然不断；另一方面，又在花数倍的财力、人力，大肆建设“古建筑”，此举让人百感交集。然而，建筑血脉传承的断代无法延续，建筑文化的缺失无法弥补，所以，保护、传承和发扬中华传统建筑文化是我们义不容辞的责任。

我国古代建筑，征之文献，所见颇多，自周代就有《周礼·考工记》的建设制度记载，宋代出版了国家级的建设标准《营造法式》，其他各类典籍不胜枚举，明清学者，更有较多的专门论著。然而真正意义上用现代建筑研究方法研究中国古代建筑，应是梁思成、刘敦桢等老一辈建筑宗师，他们留下了太多的精神财富，为中国古代建筑的传承和保护做出了划时代的、不可磨灭的贡献。

近年来，随着考古发掘的不断深入，建筑史料日益丰富，研究手段日渐精微，专家学者们贡献出大量中国传统建筑技术和历史文化的研究成果，传统建筑技术及历史文化的研究成绩斐然。本书在写作中着重于对建筑文化含义的探索，尤其是对一些非典型类型的建筑、构筑物，还有一些建筑物上重要而特殊的构造辅件，或一些消失、消解的古代建筑类型、名称及其文化进行了必要的整理研究，给予了较多的笔墨。

在建筑专家云集的研究、编著队伍中，大部分论著非常专业，也基本框架在一定社会历史背景下的建筑史及建筑技术领域。而本书在编纂上采取了一种具有发散性或者类似建筑杂文性质的写作方法，在建筑文献中较多融入历史、考古、文学、绘画艺术及典故趣闻等多方面内容，使其更具有科普性、趣味性，增加可读性。在配图中也尽量多选用古籍文献及古代绘画中的图像，选用部分考古复原和测绘资料，少用或不用照片，以保持原始的古韵。而且这些非典型或已经消失的建筑类型或名称中，技术方面的文献已经太少，搜集片断性的资料很难拼接使其系统化，用这样一种写作形式也算是一种探讨吧。

书中的目录，并没有一定的系统性，涉及建筑基本构成的方方面面，基本上是一些建筑文化的拾碎整理。在最初设定的题目中，由于种种原因有些没有继续落实，如：草戏台、瓦舍勾栏、彩楼欢门、浮屋、古代道路、驳岸、水门等。随着资料的搜集完善，后来又增加了其他几篇内容，如：城廓、关隘、市井、天子“辟雍”与诸侯“泮宫”等，所以本书最终也是几易其稿，和初期预设有较大变化。在所列的目录中，其中《千门万户》（原名《中国传统建筑中的门文化意象》）笔者曾发表于《文博》杂志，这次重新配设了图片。

由于作者水平有限，书中难免存在错漏之处，恳请读者批评指正。希望本书的出版能够抛砖引玉，为保护、传承和发扬传统建筑文化略尽绵力。

姚慧

2017 年 6 月 20 日

目　录

1　千门万户

中国传统建筑文化沿着中国特有的历史长河发展，并逐步形成一套成熟的、独特的体系，与其他传统文化一样，在建筑文化艺术中亦表现出民族的特征和思想。特殊的建筑“门”文化与其他文化的发展密切相关，并与之相互融合，创造了丰富的文化内涵。

1.1　色彩与礼制等级

唐代大诗人白居易做《伤宅》诗云：“谁家起甲第，朱门大道边？”朱者，红颜色也。在封建社会居朱红大门内的人家，绝非平庸之辈。中国传统建筑有很强的色彩等级划分，如《礼记》规定“楹，天子丹，诸侯黝，大夫苍，士黈。”宫廷建筑多用红色、黄色，而民间建筑只能是青砖、灰瓦、白墙。据考古发掘资料，丹、青两色是中国传统高等级建筑色彩的基本格局。

中国古代对红色怀有特殊的感情，汉代卫宏《汉旧仪》：“丞相听事阁曰黄阁，不敢洞开朱门，以别于人主，故以黄涂之，谓之黄阁。”原来官署不漆朱红，是为了区别于天子。由此可见，朱漆大门，曾是至尊至贵的象征。朱户还被纳入“九赐”之列。所谓九赐，盖指天子对于诸侯、大臣的最高礼遇，即赐给九种器物，车马、衣服、乐县、朱户、弓矢、斧钺、纳陛、虎贲等。可见朱户的得来是多么不易，要等待天子的赏赐。至于黄色之门也极其显贵，唐代用“黄阁”指宰相府，借喻宰相。除去门色之外，门上的门扣、门环、门钉这些实用的功能都被赋予了等级的意义，它们和门色共同组成了一幅封建礼制的图像。明朝初年，朱元璋颁诏申明：“亲王府的大门丹漆、金钉、铜门环，门钉用九行七列共六十三枚（图 1-1）；公主府大门绿漆、铜门环，而门钉减少两列用四十五枚；公侯门用金漆、锡门环；一二品官府用绿漆、锡门环；三至五品用黑漆、锡门环；六至九品用黑漆、铁环……”可以看出，从帝王宫殿的大门到九品官的府门依次是：红门、金钉、铜环；绿门、铜环；金门、锡环；绿门、锡环；黑门、锡环；黑门、铁环。从门的颜色上分是红、绿、金、黑，从门环的材料上分是铜、锡、铁，由高到低，等级分明，对官邸大门的漆油做了严格的规定。杜甫《与朱山人》诗曰：“相送柴门月色新”，诗人所说的“柴门”便是民宅的门，荆条、木枝，原始的木色。清代李渔说：“及肩之墙，容膝之屋，俭则俭矣，然适于主而不适于宾。”

在古代，除色彩装饰外，门的数量也是等级划分的手段之一。门的数量在城市设计、宫廷建筑群的设计中，均有严格的等级。唐代《营缮令》中规定：都城每个城门可开三个门洞（图 1-2），大州的城正门开两个门洞，县城门只开一个门洞。《周礼·考工记》通过“三室居中，左祖右社，面朝背

图 1-1　北京宫殿建筑大门

（引自楼庆西《中国建筑的门文化》）

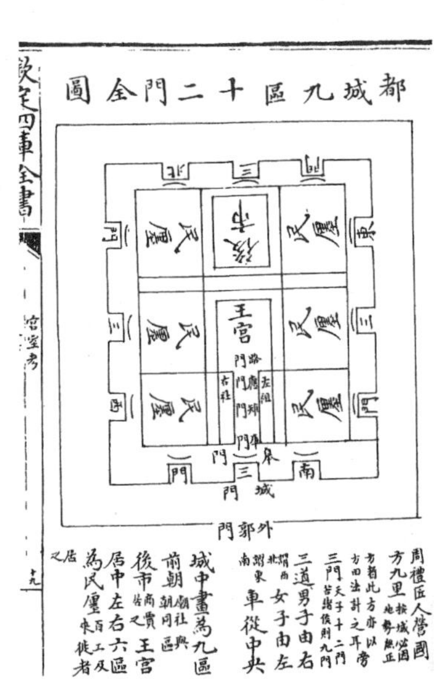

图 1-2　都城九区十二门全图

（引自《钦定四库全书》）

市，五门、三朝、六寝”的空间设计，以壮丽威严的空间处理，反映了传统宫廷的空间等级秩序。

1.2 开放的空间艺术

中国传统建筑空间均具有时间的流动性。中国传统建筑的本质不是空间，而是在使用的时间过程中所形成的心理空间，具有丰富的情感。如同文学、诗词、绘画、书法等艺术一样，空间是鲜活的、流动的，具有生命力。建筑的内外空间因其通透性而具有流动性、不固定性。门窗是建筑中不可缺少的构成部分，门不仅仅是供人出入，还可使室内外空间发生流通变化，门和窗更重要的功能是室内外空间的交流。《易系辞》说："阖户谓之坤，辟户谓之乾，一阖一辟谓之变，往来不穷谓之通。"意思是说，关起门来，室内空间幽暗封闭，就是"坤"，亦即"阴"；打开门时，阳光射入，顿觉开敞明亮，就是"乾"，亦即"阳"，随着门之开闭，室内外空间阴阳变化，无穷无尽。在传统庭院式布局中，以建筑外部开放空间为阳，则大门的过渡空间为阴；大门的过渡空间为阴，则进大门后的庭院开放空间为阳；在这里"门"成为《易经》中阴阳空间变化的关键，门在这种阴阳变化过程中有了积极的意义，空间没有了固定的品质，只在变化的过程中才有意义。

中国传统的空间观念不是指封固在室内的"死"的空间，而是富有情感的。人们的思想可以透过门窗，进入无限的自然空间，这时他们的心理空间便是无限的。小小门窗，不仅是一幅幅变化无穷的自然风景画，而且还是心灵的窗口。杜甫的《绝句》诗："窗含西岭千秋雪，门泊东吴万里船。"诗人从一个小房间通到千秋之雪、万里之船，也正是从一门一窗体会到无限的空间和时间。还有唐代杜牧《旅宿》："沧江好烟月，门系钓鱼船"等妙句，同样把无限的空间拉回到有限之中。还有"穿牖而来，夏日清风冬日日；卷帘相见，前山明月后山山。"所有这些，都是通过门窗打通了大自然与人的隔膜，使外部美妙的大自然流入小空间之中。"于有限中见到无限，又于无限中回归有限"，是中国传统文化所追求的最高艺术境界。

1.3 丰富多彩的民俗文化

虽然古代君王对门的漆色、形式均作了种种规范，但对民风、民俗却给予了很大的自由，极其丰富的民风、民俗均选择大门这块地方作为亮相的舞台。民俗文化并非原有建筑部分，但却已经与建筑密不可分，成了建筑文化一项不可或缺的内容。

《阳宅十书》中说："大门吉，则全家皆吉矣，房门吉，则满屋皆吉矣"，居者最关心出入平安。中国古代民间宗教是鬼神崇拜的延续，神、鬼、人居住的地方称为三界。鬼代表了人性恶的一面，成为人间灾祸的源头，不安分的厉鬼常骚扰人生，人类就渴望神力逐鬼驱魔。于是家家都要祭祀五位家堂神，就是门神、井神、厕神、中霤（屋檐）神、灶神，称为"五祀"，以求神灵保护家宅平安（图 1-3)。《山海经》曰："沧海之中，有度朔之山，上有大桃木，其屈蟠三千里，其枝间东北曰鬼门，万鬼所出入也。上有二神人，一曰神荼，一曰郁垒，主阅领万鬼。恶害之鬼，执以苇索而以食虎。"神话中桃木代表友好，而老虎吃鬼，神荼、郁垒成了第一代门神。神要体现在大门上，最早用桃木刻成神的模样于节日悬挂在门上以驱鬼妖。但桃木上雕门神比较困难，人们逐渐用绘画代替雕刻，只在桃木上画神像，并逐渐成了镇妖驱鬼的一种符号，称其为"桃符"。王安石有《元日》诗曰："千门万户曈曈日，总把新桃换旧符。"随着历史的发展，门神的人物与形象也起了变化，如唐朝的大将军秦琼与尉迟恭（图 1-4)、钟馗等，至今都是老百姓喜爱的武门神。在民间还有用天官、喜神、和合二仙做文官门

图 1-3 门神

（引自《西方人笔下的中国风情画》）

神。天官为天、地、水三官之首，所以民间多以天官为福神，与绿、寿二仙并列称为三仙，而三仙中又以福仙最受欢迎，福仙也由神像变成了“福”字，将它倒贴在门上以取“福到”的口彩。五代以后由桃符又演变成春联，文人学士把题春联视为雅事，题春联的风气便逐渐流传开来，成为年俗。

(a)

(b)

图 1-4 门神人物形象

（引自孙建君《中国美术全集》）

除敬门神、贴春联以外，古代民间还有在门上放照妖镜、八卦图等辟邪之物的习俗。传说古代道家进山修炼，在背后挂一直径为九寸的圆镜，就能使鬼魅不敢近身，这是因为镜子能够使鬼魅现出原形，圆镜悬挂在门上，起到照妖驱鬼的作用。门上挂一种木雕的兽头，叫“吞口”，由于其面目狰狞，可以以怪驱怪。挂上八卦图，可以预测吉凶，挂上铁叉，铁叉的尖爪也可以叉杀鬼魂。门上挂的装饰除了驱鬼辟邪以外，还有祈福物，如：门上贴元宝，再贴上喜鹊、柏树枝等吉祥物，用来接财纳福；门上贴吉祥纹样“囍”，称为“双喜”临门；门楣上挂有五只蝙蝠的图案剪纸，是取“五福临门”的吉兆。一年二十四个节气，民间也都有与节气相关的民俗，这种民俗也常表现在门上，如：清明节插柳、端午节在门上悬挂艾叶等（图 1-5）。北魏贾思勰在《齐民要术》中说：“取柳枝著户口，有鬼不入家”，清明节是鬼节，

图 1-5 [清]徐扬绘《端阳故事图册·悬艾人》
（故宫博物院藏，引自《清史图典乾隆朝·下》）

值此柳条发芽时节，插柳以辟邪，还有说“插柳枝于户，以迎元鸟”，是为了迎接燕子的归来。端午节在古时是一年中阳气最盛的日子，火旺之象，火旺则生毒，民间有“端午佳节，菖蒲作剑，悬以辟邪”的说法，不少地方将艾叶编成虎形，称为“艾虎”，更增添镇邪的象征意义。

在传统风水理论中，户门是宅院的咽喉，《阳宅正宗》称：“门为一宅之主宰。”阳宅相法中每有“气口”之喻，在住宅中蕴藏生气，门是极重要的。阳宅中的“三要”(门、主房、灶)及“六事”(门、路、灶、井、坑、厕)都把门作为一个主要素。事实上，门的确是保护生气的枢纽，“门通出入，是为气口”。《阳宅大全》中强调了门的通“气”作用，“惟是居屋房中，气因隔别，所以通气只此门户耳。门户通气之处，和气则致祥，乖气则致戾，乃造化一定之理，故先贤制造门尺，立定吉方，慎选月日，以门之所关最大。”量门的尺子也完全不同一般的尺子，门尺又称为鲁班尺，上面刻有凶吉门光星，用它衡量门窗。可见，立门主要不是以人体尺度为依据，而是从观念出发强调对气的导引或堵塞，而气则用吉凶表示优劣。《水龙经》云：“直来直去损人丁”，古建筑设计中忌讳直来直去，故门楼前设影壁或院内设照壁，影壁是针对冲煞而设计的，使气流绕着影壁而行，气则不散，符合“曲则有情”的原理。风水学亦考虑到环境景观的象征意义，如“门前忌有双池，谓之哭字，两头有池，为白虎开口，皆忌之。”为求稳定，“大门门扇及两端墙壁须大小一样”，是对称均衡的心理审美要求。

1.4　雕饰符号

古代门上雕饰的题材和内容是相当广泛而丰富的，它不但反映了传统的吉庆有余、招财纳福的内容，还表现了主人的信仰和理想。门头上雕刻装饰的内容大都为传统题材，动物中用之最多的是龙、狮子和蝙蝠，代表“八仙”的八件器物（暗八仙），常被用在门头的横枋上成为重要的装饰。门楣裙板上刻八样祥瑞之物：和合、玉鱼、鼓板、磬、龙门、灵芝、松鹤，称为八宝图，已成为建筑和器件的常用装饰画，包含着吉祥、祝福之意。其他具有象征意义的莲、桃、“卐”字等都是常见之物。此外，琴、棋、书、画、古玩器物、山水风景，甚至于将表现整幅传统戏曲内容的雕刻也搬到了门头的中央。门前运用最多的装饰物就是狮子，由于它性格凶猛，神态威武，常被用在门口当守门兽。除此之外，还因为“狮”与“事”谐音，因而组成了不少带有吉祥内容的题材，如两只狮子代表“事事如意”，如果加上钱纹则喻意“财事不断”，如狮子和瓶在一起，则象征“事事平安”。

中国传统建筑中充满诗意的建筑符号就是文字，中华民族是一个擅长运用文字来表达意念的民族。古代建筑在落成之时，常邀文人墨客云集新屋，点题命名。通过搜寻精炼的文字，建筑的意念便借着题者的文笔，作为题诗颂词镌镂在门额、壁框之上，成为易读性强的建筑装饰。这些可供阅读的记号不仅是建筑符号，而且更巧妙地运用了易读性更高的文字记号，一般在住宅、宫殿、店铺等的门上都留有题字的地方。在民宅中，门斗是在承安门板的门框上面增加的一段框架，宫殿的大门也有这部分，在江南砖筑牌楼上，这一部分称为“字牌”，是专门用来刻写文字的。即使在门头复杂的屋檐下有多层梁枋相叠，也不忘在中间留出供刻字的“字牌”部分。几乎家家户户都刻写或书写文字，文字的内容并不一定是住宅的名称，也可以是主人所喜爱的人生格言和理想愿望。商号、酒铺的名称做成牌、匾、酒旗挂上店门口，称为“招牌”、“幌子”，牌匾多取吉祥及生意兴隆和反映经营特色的词句，而幌子的式样颇多，实物和模型均可采用。

白居易《长恨歌》诗云："姊妹弟兄皆烈士，可怜光彩生门户。"一个家庭的"门"在诗人眼中成为家族兴衰的象征。民间流传至今的"门望""门风""门脸"，充分说明了"门"作为一个家庭的"脸面"，在老百姓的心目中是何等的重要，显现出传统建筑的"门"文化与民俗文化源远流长的关系。"门"记载着丰富的传统文化，反映着封建礼制和民族的宗教特性，亦表现出古代各阶层的理念与追求和浓郁的传统历史文化真相。

（原名《中国传统建筑中的门文化意象》，发表于《文博》2006 第 3 期）

2　庭院深深

《说文解字》曰：“廷，朝中也。”本意为朝廷，是君主受朝问政的地方。段玉裁《说文解字注》（以下简称段玉裁注）：“古外朝、治朝、燕朝，皆不屋，在廷。”《列子》曰：“黄帝居大庭之馆，此庭名之起也。”《说文句读》曰：“廷，天子聚臣下以论政之广平场所。”廷是群臣壬然而立的室外平地，即《尔雅》：“中庭之左右谓之位”之意。由此可见，廷是室外的空间，也是“朝廷”一词的来源。《说文解字》中对庭的解释是“宫中也”，由于“宫”本身既可指单个建筑，也可指整个所有围墙围合的房子，那么对庭而言，也可具有室内外的双重含义。

“庭”是在“廷”的基础之上加“广”而成的，最初与“廷”通假。廷上加“广”，“因广为屋，象对刺高屋之形”（《说文解字》），“广”代表单坡屋顶，它与“廷”字的结合，其意义有二：一方面说明庭由建筑而围合，另一方面说明庭院建筑向庭院一边开敞。《董生书》曰：“天子之宫在清庙，左凉室，右明堂，后路寝，四室者，足以避寒暑而不高大也。”《尚书·舜典》中也有“辟四门，明四目，达四聪”之说，甲骨文中也出现了“东室”“南室”“东寝”“西寝”等名词，这都说明了中国人很早就将房屋分别布置在东南西北四个方向上。古代文献记述在建筑上采用“四向”之制（图 2-1），就是说以一个称为“中庭”的空间为中心，东西南北四方用房屋围绕

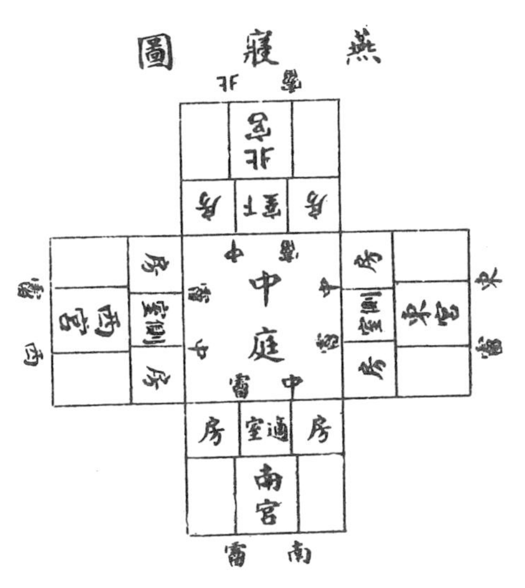

图 2-1　“四向制”平面推想图

（引自王国维《观堂集林·上》）

起来，其目的就是构成一个封闭向心的内院。

《玉海》曰：“堂下至门，谓之庭。”《辞海》中的解释也是：“庭者，堂阶前也。”将“庭”界定为“堂阶前”，即院墙内，堂室外的空地。古人所谓“庭”之含义，是指围墙内宫室屋宇等建筑四周的空地或围墙围合而成的中心空地。“室之中曰庭”“庭，今俗谓之厅”，可见庭也指室内的厅堂。《玉篇》中说：“院，周垣也。”《增韵》：“有墙垣曰院。”其义引申指围墙或房屋围墙以内的空地，即院子，周围有墙垣围绕的便可称为“院”。“庭”“院”二字成为一个词语，最早出现于《南史·陶弘景传》：“特爱松风，庭院皆植松，每闻其响，欣然为乐。”“庭院”二字结合在一起，就构成了我国庭院空间的基本概念，即由建筑、围墙围合而成的室外空间，就是庭院空间。

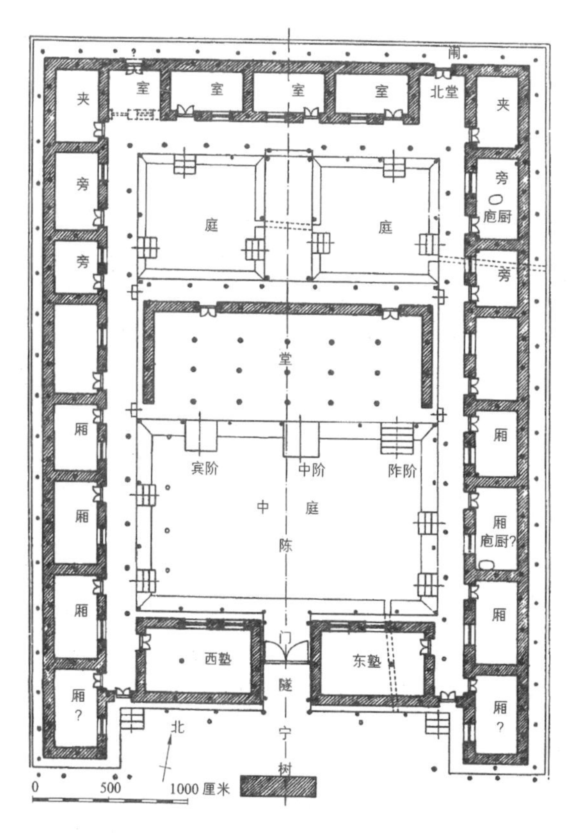

图 2-2　陕西岐山凤雏殿

（引自杨鸿勋《杨鸿勋建筑考古学论文集》）

陕西岐山凤雏村西周宗庙遗址是迄今发现最早且布局完整的庭院式建筑。这组建筑由两进院落组成，南北中轴线上依次排列着影壁、大门、前堂、穿廊、后室等主要建筑，前堂后室由廊连接，庭院由两侧通长的厢房及檐廊限定而成。这些基本反映了早期中国庭院式建筑的空间格局（图 2-2）。河南偃师二里头的商代早期宫殿遗址，经过了多年的发掘和调查研究，证实了古代文献的记载大致是符合事实的。这是一座中间为庭院，四周以回廊围合庭院，并沿纵轴线在庭院后半部分布置主体殿堂的建筑布局。它的平面图不但说明了这种布局的原则，并且清楚地指出当时房屋的形制已经有了主次之分，朝南的北屋为主，其余的不过是庑廊而已（图 2-3）。

从上述考古实例可以推断庭院的形制更早在商周即已确立。有关专家对二里头宫室和凤雏村宫室作进一步的对比研究，发现一个更为有趣的现象，即凤雏村宫室的庭院布局与二里头宫室的殿堂布局极其相似，都保持了“五室，四旁，二夹”的布局。凤雏村的后庭仿佛是二里头宫室的堂向前移出，原来堂的位置成为庭院，由此可以推测庭院与堂的渊源。当有建造多幢建筑的能力时，就将一幢房屋的布局引入多幢，由多幢围合成庭院。

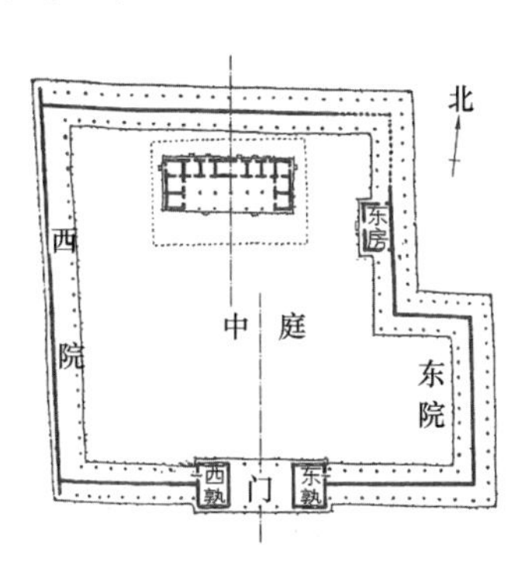

图 2-3　河南二里头宫殿遗址
（引自杨鸿勋《杨鸿勋建筑考古学论文集》）

庭院是中国建筑的重要组成部分。庭院空间是室内与室外的媒介空间，是室内向室外延伸的部分，是人们处在建筑内部与自然界产生联系的空间，其基本手段是围合，表现形式是院落，也使得中国古代以房屋建筑围绕院落向心而筑成为一种基本模式。

在庭院建筑空间组织设计中呈现出丰富的变化，庭院的围合形式千姿百态，深远不尽，层层展开，虚实相济。这种模式在地域、气候、等级制度、自然环境等因素影响下，空间布局又呈现出了丰富的多样性和差异性，在四合院的基础上又有二合院、三合院。庭院的群体组合上有串联、并联、串并联或是自由组合的方式。四川出土的一块汉代贵族住宅画像砖上，清晰地展示出一幅形象逼真的宅院图（图 2-4），它有前后左右四个院子，有主院、附院和跨院，每个院子都被围廊分隔为一个个“廊院”，即是庭院的空间。山东曲阜旧县村汉画像石中的大型宅院，更是通过围墙、游廊将宅院划分出多个不同的、大大小小多院落进深的庭院（图 2-5）。敦煌莫高窟壁画中，也有不少反映唐宋院落住宅的壁画。民宅以外的其他建筑类型，诸如宫殿、

图 2-4　四川成都市出土东汉住宅画像砖
（引自《文物参考资料》1954 年 9 期）

图 2-5　山东曲阜市旧县村汉画像石中的大型住宅
（引自《考古》1988 年第 4 期）

宗庙、陵寝、寺观等，实质上是民居院落的扩大和延伸。因此，从某种意义上讲，中国的传统建筑文化就是院落文化，如传统的院落一般沿中轴线纵向串联布局，从一进院到多重院落。“山东曲阜孔庙则有九重院落，由多条纵轴线并联而形成多个‘路院’，有一路院，二路院……五路院（图 2-6），北京故宫有所谓东六宫、西六宫、东五所、南三所，采用的是典型的并联式布局（参第 3 章图 3-3）。山西灵石的王家大院，院落纵横，变化万千，有主有从，大小不一，在总面积达 15 万平方米的范围内，五堡三巷一条街，大小庭院竟然有 123 座，其可谓是超级大院了。”（陈鹤岁《中国文字中的中国建筑》）

据《三辅旧事》所说，秦阿房宫“南北五百步，庭中可受万人”，说明秦宫设计了一个露天的万人大会堂。“这是一个四周有房屋围绕和规限的‘庭’，不是空地或者校场。清宫午门前‘⊓’形城墙所包围的空间也是一个举行仪式的露天礼堂，战争胜利后就在这里举行祝捷的献俘大会，也是布置仪仗礼节用的空间（图 2-7）。寺庙等公共建筑和一

般住宅建筑内的‘庭院’用途实在是非常之多的，举行一些礼仪的活动、集会、饮宴，以至进行一些在室外比室内更适宜的工作等等，总之，好些生活是离不开没有屋顶的厅堂的。”（李允鉌《华夏意匠》）

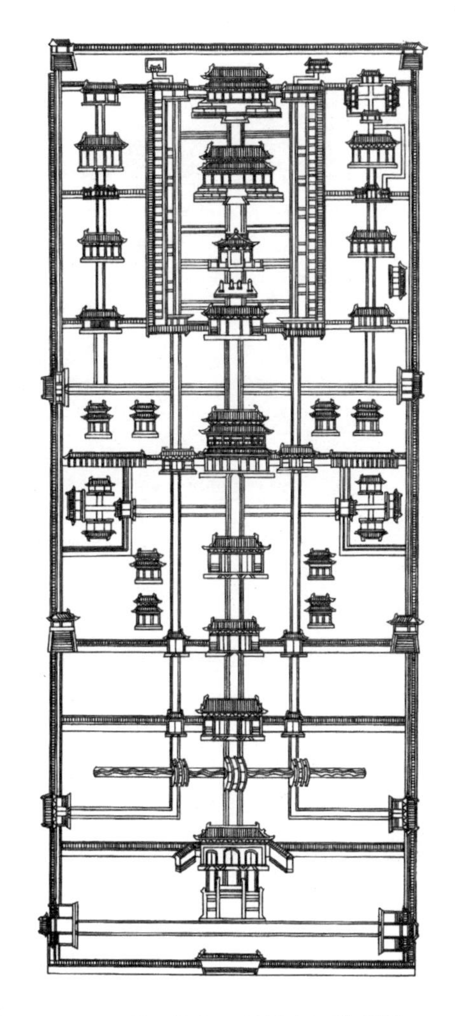

图 2-6 明正德本《阙里志》孔庙图
（引自潘谷西《中国古代建筑史》第四卷）

纵观中国传统建筑庭院，不乏对其功能的细致思考，由于庭院围护结构的封闭性，不仅能屏蔽风雨冰霜，而且能阻挡烈日暴晒。它能有效地阻止对建筑内部环境的改善因素，保持清新宜人的室内空气质量和安静的环境，同时，也满足了内部空间采光的生活需求，充分发挥着“露天起居室”的作用。在庭院空间中植物、山水与建筑有序的艺术结合，构成一个“虽由人作，宛自天开”的景观空间，以愉悦人们的感情，陶冶人们的情操，能改善、调节庭院的小环境，更能将外景引入室内空间，延伸室内外空间层次，再造自然，符合我国古代“天人合一”的哲学思想，即人与自然的和谐、统一以及对风水和小气候环境的重视。

由于中国木构建筑个体单元的防卫能力很弱，而“合院外墙坚固封闭门禁森严”，则大大增强了组群建筑的整体防护戒卫功能。对人和自然的“防卫”是房屋最基本的功能，在建筑的发展上这种意义一再受到强调和重视，可以说庭院的产生发展便是由此功能导致的。

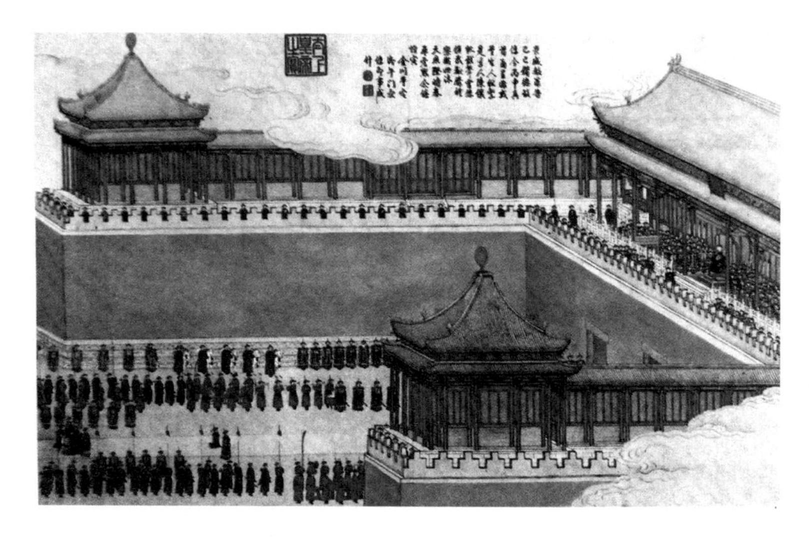

图 2-7 《平定金川战图》册之“午门献俘”

（引自王镜轮《图说故宫》）

建筑学家梁思成先生在《凝动的音乐》中对我国传统建筑的院落提出了精辟的见解：“最初的庭院，显然是基于群居和自我保卫。城邑出现之后，庭院的外墙就主要是用来划分内外公私。古代的宫，本身就是个城，唐宋之后，城内的宫就缩小变成小组的庭院……扬弃城邑的防御性，保留廊庑内里的静谧，予居住者在庭院内的‘户外生活’。”由“群居”到“城邑”“宫殿”，再到“庭院”，说到底，一所民宅、一组宫殿、一座城市，只不过是一个院子的不断扩大而已。在人类不断完善居住环境的过程中，对于建筑的要求不再只是满足遮风挡雨、生活起居这些基本的生存需求了。庭院对于中国人而言，不仅是一个生存的物质空间，更是一个精神空间，它蕴含了深厚的传统文化，更注重满足居住的心理、社会伦理和道德审美等诸多方面的精神需求，庭院正是将物质空间和精神空间融为一体的理想空间，是整个建筑群体中的精华所在。

院落背后是深厚的文化积淀，是令人心醉的艺术氛围。赵广超在《不只中国木建筑》的“空间”一章中写道：“一本宋祠，写进满庭芬芳，总是围绕着一个深字。庭院深深，外国人惯称中国庭院好像开不完的匣子，开完一个又一个，进入一个院又一个院，好像走在一卷横幅画轴里。信步闲庭，层层进深，一下子寂寞梧桐，一下子星落如雨。”在先辈文人雅士的笔下，一座院子的意境特别令人回味。历代文人也借用“庭院”表达自己内心的情怀，李煜《捣练子令》：“深院静，小庭空，断续寒砧断续风。”欧阳修《蝶恋花》：“庭院深深深几许？杨柳堆烟，帘幕无重数。”辛弃疾《满江红》：“庭院静，空相忆。”在近代的新诗中，集诗人、建筑家于一身的才女林徽因，也曾写过一首题为《静院》的新诗：“你说这院子深深的——美从不是现成的。”仅仅这开头的两句，就已将“院子”的一“静”一“深”抒出笔端，其境界之美妙着实令人叫绝（陈鹤岁《文字中的中国建筑》）。

3 墙里墙外

《淮南子》曰："舜作室，筑墙茨屋，令人皆知去岩穴，各有家室，此其始也。"大约在氏族公社后期，随着生产力的发展，先民们走出洞穴，营造以家庭为单位的家室，墙是伴随着房屋家室的产生而出现的。《尔雅》曰："墙，谓之墉。"《广雅》曰："墉，垣墙也。"《说文·啬部》："墙，垣蔽也。"《说文解字》中记载："垣、堵、壁、埒、城、墉、垝"等关于"墙"的词语多达13个，可见早期的墙主要由土构筑，且较为集中地反映了古代围墙的建筑情况及古人的"围墙"情结。

《辞海》的解释为："房屋或园场周围的障壁。""墙"在古时不是指宫室的墙，而是指外部的围墙。墙可能源于原始聚落向早期城市发展的过程之中，在现存的湖北黄陂商代盘龙城遗址中即可见城墙的遗迹。《尚书·费誓》曰："逾垣墙，窃马牛，诱臣妾，汝则有常刑。"《诗经·郑风》中有"将仲子兮，无逾我墙"的句子。《左传·宣公二年》："晋灵公不君，厚敛以雕墙。"这些墙都是外面的围墙，而"壁"是指宫室的墙，指内墙。《史记·司马相如列传》有："家居徒四壁立"，《仪礼·特牲馈食礼》有："饎爨在西壁"，郑玄注："西壁，堂之西墙下。"墙即指院墙，建筑物的墙称"壁"，现在"墙"与"壁"连用，但在古代这两者是有很大区别的。

英国作家沙尔安著的《中国建筑》一书上曾经写过这样的话："城墙、围墙，来来去去到处都是墙，构成每一个中国城市的框架，它们围绕着它，它们划分它成为地段和组合体，它们比任何其他建筑物更能标志出中国式社区的基本特色。在中国没有一个真正的城市是没有城墙所围绕的，这就是中国人何以名副其实地将城市称作'城'；没有城墙的城市，正如没有屋顶的房屋，再没有别的事情比此更令人不可思议……它们无论如何都是古代的式样，带着战火所毁的残垣，破碎了的雉堞。修理或者重建的时候很少改变它

们本来的形式，或者去改变它们的权衡和形状。”

可以想象，古代的先民在很大程度上一直生活在墙的空间里。在中国的古代建筑中，无论是帝王的宫室、坛庙、陵寝、官僚的府邸，还是政府的衙署、平民的四合院，或者僧道的寺观、文人的园林，大都掩映在重重的高墙之中。小到一组院落，大到一座城市，甚至国家之间的边界，都由墙来完成。这一现象反映了中华民族的一种文化心理，即一种内敛、含蓄、封闭、保守的民族文化。

《释名•释宫室》原文曰：“墙，障也，所以自障蔽也；垣，援也，人所依阻以为援卫也；墉，容也，所以蔽隐形容也；壁，辟也，所以辟御风寒也。”墙壁的功能是很多的，它可以防御盗贼，或是隔绝内外各部使互不杂乱（图 3-1）。在冷兵器时代，墙的防御作用是巨大的，春秋时一个小小的淹城即筑了里外三道城墙和三道护城河；统一六国的秦始皇筑万里长城，就是修建了一堵保卫大秦王朝北疆的华夏大院墙（图 3-2）；朱元璋打天下，朱升献计谋：“高筑墙，广积粮，缓称王。”这里说的“高筑墙”就是指城墙；还有民谚曰：“汉家唐塔猪打圈”，说明朱元璋热衷于“打圈”筑城是有其历史渊源的；明清的北京城则有四重城墙护卫，清代嘉庆年间著名的林清之变中，多名起义者攻入了紫禁城（图 3-3），但最终功败垂成，帝王宫殿中的重重围墙绝非摆设，在很大程度上就是靠紫禁城的围墙保护了皇帝安全。

图 3-1　火烧翠云楼

（引自施耐庵《水浒全传》）

图 3-2　巍巍长城
（引自《西方人笔下的中国风情画》）

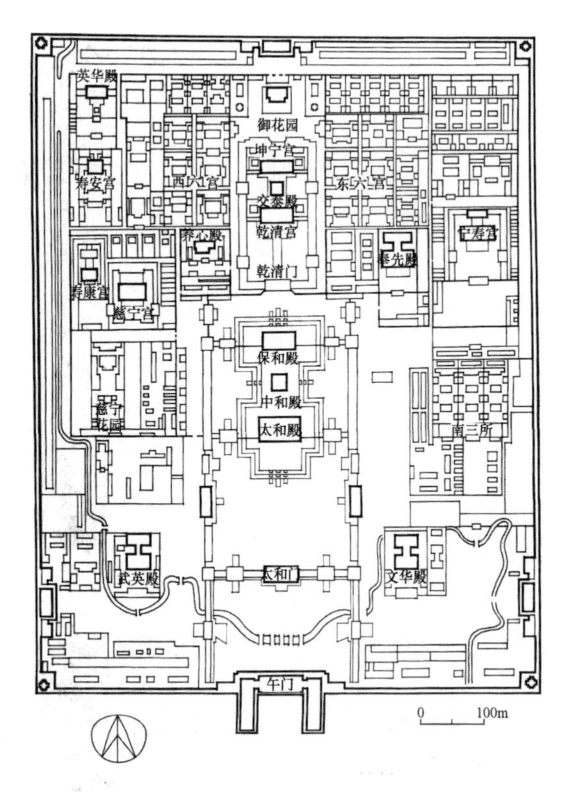

图 3-3　紫禁城平面图
（引自潘谷西《中国古代建筑史》第四卷）

同时墙也具有围合分隔的作用，把庭院作为单个建筑实体连接的纽带，在墙和房屋的围合下，形成了中国最具特色的院落空间，庭院的围合除了单体建筑之外，一个不可缺少的要素就是围墙。

墙是分隔界面的一种形式，不仅区别了内外，也隔绝了内外的交流和尘嚣。它可以隔冷隔热，挡风、雨、霜、雪，隔断声音避免嘈杂，墙还有防火的功能，在以木构为主的中国建筑中尤其得到重视，清代康熙年间重修太和殿时，在其北侧加建了一道墙，就是出于防火的考

虑。江南民居的封火山墙、马头墙都有防止火势蔓延的作用。

墙在中国封建礼制和等级中扮演了重要的角色，紫禁城内从天安门至端门、午门、太和门直到乾清门，符合“三朝五门”的古制，也充分展示了皇朝神秘的天威。帝王的威严正是通过对其宫城的封闭和隔绝，以及层层的院落空间表现出来的，高大的围墙显示了主人的等级高低。墙面的色彩也是显示等级的重要手段，明清的北京只有宫殿、坛庙等围墙才能饰以红色，其余大多数建筑只能是灰色墙面。

中国古代有一种特殊的墙壁就是影壁，“萧墙之忧”，出自《论语·季氏》：“吾恐季孙之忧，不在颛臾，而在萧墙之内也。”古之所谓“萧墙”，指的是设在帝王宫殿大门内（或大门外）起屏障作用的矮墙，又称“塞门”或“屏”。古代君王在宫室大门内外筑“萧墙”，其作用是遮挡视线，防止外人向门内窥视，这种主要起屏障作用的矮墙，最初只是一种礼制设置，后来逐渐演变成为设在建筑物门口内外的独立影墙，亦称影壁或照壁。影壁与萧墙一样具有遮挡视线的屏障作用，“影壁”之谓大约始于唐宋，宋代绘画史《画继》记：“惠之塑山水壁，郭熙见之，又出新意，遂令圬者不用泥掌，止以手枪泥于壁，或凹或凸，俱所不问。干则以墨随其形迹，晕成峰峦林壑，加之楼阁人物之属，宛然天成，谓之影壁。”宋代绘画中也能见到大门内外的影壁图像。影壁是正对建筑物大门的一段独立短墙，有的置于门内，有的建在门外，也有少数是设在门的两侧，或者是远离门的独立影壁，只是应用范围更加广泛，宫殿、寺庙、祠堂、园林、住宅皆可设置。门外影壁多出现在建筑群的大门前方，例如北京紫禁城宁寿宫皇极门前的九龙壁，承德避暑山庄丽正门前的红照壁，南京夫子庙棂星门前的影壁，在苏州寒山寺门前也能见到这类影壁。而门内影壁则多出现在皇室寝宫和宅第院门里面，北京故宫内皇帝和后妃的住处就有多处，而北京的四合院内这类门内影壁更是随处可见。

墙的审美功能更多表现在空间意境的创造上，墙的特点契合了中国艺术对含蓄、幽远的追求。清代文人李渔在《闲情偶寄·居室部》中也提到“峻宇雕墙，家徒壁立，昔人贫富，皆于墙壁间辨之……墙壁者，内外攸分而人我相半者也……居室器物之有公道者，惟墙壁一种，其余一切皆为我之学也……人能以治墙壁之一念治其身心，则无往而不利矣……”。可见，他已经将墙垣的修砌营造提升到人的修身养性层面上来。

陈从周先生主编的《中国园林鉴赏辞典》也有关于“墙垣”的解释：“墙垣在园林或建筑中的作用根据位置的不同而有较大差异，通常外墙大多做得厚实高峻，以防范外人的窥视，……然而在园林内部墙垣的主要功能只是对不同的院落用途或不同的园林景致予以分隔，这就无需紧固异常，主要追求雅致。”

童寯先生认为：“墙则吾国园林不可或少……园之四周，既筑高墙，园内各部，多以墙划分。”园林中的墙成了构筑园林的中介部分，既具防护与区分的功能，又具构景和观景的功能，一方面墙体曲折错落，塑造不同的空间感觉；另一方面漏窗花墙形成的“无心画”，构成园中有园，景中藏景之妙。园墙既可以作为映衬山石和花木的背景，还可以开各种形状的门和漏窗，也增加了空间的层次和借景、对景的变化。围护墙的目的是标明界限、封闭视野，中国园林中的墙能突破它的封闭感，常将园墙的实界面加以“虚化”，变成可以观赏的“景墙”。古诗中“桃花嫣然出篱笑”“短墙半露石榴红”“一枝红杏出墙来”等名句，描写的就是因墙成景的意趣。墙上开设洞门漏窗，既可“引景”，又能“泄景”，一幅幅“框景”欲藏还露，似隔还连。在苏州园林中我们可以发现许多利用墙的穿插、开阖、引导、遮蔽、框景来营造独具韵味空间的实例，当人们在园林中漫步，那些统一而不单调，变化而不杂乱的墙窗，“时时变幻，不为一定之形”，步移景异，目不暇接，于微观中见大千世界。如在苏州留园中“五峰仙馆”与“林泉曹硕之馆”之间，由“鹤所”“石林小屋”“揖峰轩”“还我读书处”几幢斋馆的山墙、院墙、廊墙、洞墙等围隔成的一组庭院及大大小小的各小庭天井中，配置些峰石翠竹、梧桐芭蕉，赏游其中，不仅令人流连忘返，也常使人恍惚神迷。该空间具有卓越的整体性，通过墙体的分隔，使空间在一个整体中划分出若干层次，并通过漏窗、门洞等墙体虚部形成各个空间之间的渗透及视线交流。

墙壁的名称按功用及部位、使用时间的不同而异。按明、清来说最雄伟的是城墙，像万里长城、北京城墙等，其次是某个院落周围的围墙（或称院墙），再次则是屋墙。屋墙依其所处部位的不同而各有专名，伴随檐柱而立者称“檐墙”；房屋两端的立墙称“山墙”；带廊建筑的檐柱与金柱之间的墙称“廊墙”；大型建筑中伴随金柱而立的墙称“扇面墙”；在窗槛下的墙称“槛墙”；用于马道、山路、楼梯两侧的墙称“护身墙”；位于露天，处在房上、台上、墙上的墙称“女儿墙”；隐蔽而不可见的墙体叫“金刚墙”。计成《园冶》中依据“墙”的材料和构造将墙垣分为四种：白粉墙（图3-4）、磨砖墙、漏砖墙和乱石墙。《园冶·墙垣》篇中“凡园之围墙，多于版筑，或于石砌，或编篱棘，夫编篱斯胜花屏，似多野致，深得山林趣味。如内，花端、水次，夹经、环山之垣，或宜石宜砖，宜漏宜磨，各有所制。从雅遵时，令人欣赏，园林之佳境也。”是说墙垣的构筑也要注意师法自然，恰当的材料选择和形式设计就能成为“佳境”。皇室宫房的墙，却有许多奢侈装饰之法，有“以麝香、浮香筛土和为泥饰壁”的，有“以金银垒为屋壁”的，有“以胡粉和椒涂壁”的，也有“以朱砂涂壁”的。而“云墙”“龙墙”的构筑，则令一堵堵呆板的墙变得曲柔可人，欲定还跃，似静还动，充满生机。

图3-4　白粉墙

（引自《中华雅文化经典——园冶》）

《墨子·辞过》说：“宫墙之高足以别男女之礼。”刘致平在《中国建筑类型及结构》中说：“隔绝内外各部使互不杂乱，可以别男、女、公、私之礼，又可遮蔽视线或控制视线。”在“男女授受不亲”的封建社会，墙的隔绝作用同样出于社会规范的需要，尤其是束缚女性的工具，如苏轼的《蝶恋花》所描绘："墙里秋千墙外道，墙外行人墙里佳人笑。"足不出户的女子脱离不了围墙的限制，她们的闺阁似乎和墙外是两个世界，于是许多古代戏曲中才人佳子的故事都是从"墙头马上"开始的。墙在文学作品中的隐喻特征是十分鲜明的，《孟子·滕文公下》："不待父母之命，媒妁之言，钻穴隙相窥，逾墙相从，则父母国人皆贱之。"先秦时代男女交往上的限制是相当森严的，连"钻穴隙"偷看那么一下，都要遭人贱骂，后用"逾墙相从"或"钻穴逾墙"喻指男女相恋或男女偷情。一墙之隔，即因墙内是不可逾越的森严礼法，咫尺天涯，令人望墙生叹！元代杂剧《西厢记》《牡丹亭》《墙头马上》，记叙了一个个与墙有关联的才子佳人的故事（图 3-5）。

图 3-5　明万历年《牡丹亭还魂记》插图

（引自陈鹤岁《成语中的中国建筑》）

古代诗词中对充满诗情画意的"墙"的描绘更加丰满、动人。白居易《井底引银瓶》有："妾弄青梅凭短墙，君骑白马傍垂杨。墙头马上遥相顾，一见知君即断肠。"张先《青门引》诗云："那堪更被明月，隔墙送过秋千影。"欧阳修《越溪春》："越溪阆苑繁华地，傍禁垣珠翠烟霞，红粉墙头，秋千影里，临水人家。"柳永《长相思》词云："墙头马上，漫迟留，难写深诚。"周邦彦《西河》有："夜深月过女墙来，赏心东望淮水。"叶绍翁《游园不值》的描述更是绝妙："春色满园关不住，一枝红杏出墙来。"

4 登堂入室

“堂”和“室”均是古代宫室的一种，是中国最早产生的建筑名称。《释名・释宫室》云：“古者为堂，自半以前虚之谓堂；自半以后实之谓室。”徐锴《说文系传》：“室，堂之内，人所安止也。”段玉裁注：“古者前堂后室。”前为堂，后为室，所以堂是与室相对不同的建筑空间。这里所谓“虚”“实”，是一对对偶范畴，房屋的前半部分开敞的空间为“堂”，后半部分相对封闭的空间为“室”，指堂之空间的开放与宽敞以及室之空间的封闭和私密性。《论语・先进》云：“子曰：‘由之瑟奚为于丘之门?’门人不敬子路。子曰：‘由（指仲由）也升堂矣，未入于室也。’”意思是子路虽未入室，却已升堂，比喻他的学问造诣很高。《三国志・魏志・管宁传》：“娱心黄老，游志六艺，升堂入室，究其阃奥。”

据清代学者张惠言《仪礼图》所载春秋士大夫住宅图：住宅四周有墙桓相围，整体由门内的院落和院内北面建在高台上的主体建筑构成，建筑由建在前面的堂和后面的室两部分组成；堂的东西各有东序、西序；序之东为东堂，序之西为西堂；东、西堂后为夹，夹后为房；堂的正面（南向）无墙，只有两根被称作楹的柱子；堂前有东阶、西阶，主人循东阶而上，客人沿西阶而下（图4-1），由此可见堂与室之间的空间方位关系。前面提到仲由之所以不能直接进入后室，因为按照礼节，无论主人、宾客拾阶而上，首先只能登堂。就堂本身而

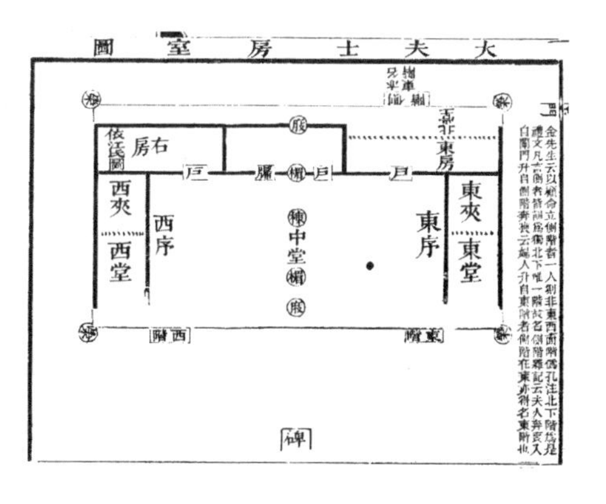

图4-1　士大夫堂室图

（引自曹春平《中国建筑理论钩沉》）

言，有北堂、南堂之别。《古今图书集成》称，“北堂皆南向北，故谓之背。”贾公彦《仪礼》：“房与室相连为之，房无北壁，故得北堂之名。”

《释名·释宫室》：“堂者，当也。谓当正向阳之屋。”《玉海》又：“堂，明也，言明礼仪之所。”一般的厅堂均为南向，以采阳光也，北向之堂即北堂之制，是很少见的，一般厅堂平面为方形，为方正之制。“堂”，会意兼形声字，金文中“堂”的字形结构由三部分组成：上部为两面坡的房屋，中间是“尚”字的省形，下部则表示一个高出地面的台阶。《释名·释宫室》：“堂，犹堂堂，高显貌也。”“堂”的本意是建在台基上的高敞建筑，空间通透，尺度也相对较大。《礼记·礼器》：“有以高为贵者，天子之堂九尺，诸侯七尺，大夫五尺，士三尺。”这里的尺度，指堂之台基而非整座堂的高度，所谓“天子之堂”“诸侯之堂”，实指宫殿。《周礼·考工记》称“堂崇三尺”，亦指堂的台基高三尺，可见堂是建于高显的坛基之上的方形建筑。由此不难想象这些不同等级品位的堂，南向、方形、高敞、巨大是“堂”这一建筑的形制特征。

作为建筑空间的一部分，室是指一栋房子中的小房间，《考工记》所述的夏后氏世室作法为：“堂修二七，广四修一。五室三四步，四三尺”，对堂和室之间的面积大小关系作出了交代。和“堂”不同的是，“后室”所显现出的形象特征是封闭和内向的，带有强烈的“私密”性质。李斗在《扬州画舫录》中说：“堂奥为室，……五楹则藏东、西两梢间于房中，谓之套房，即古密室、复室”，指出了室的深藏密闭性。

在原始社会初期，为了更好地利用较大的室内空间，在室内就有了简单的功能划分。据考古研究，至少在龙山文化时期，就有了非常成熟的“前堂后室”的布局形式（图 4-2）。这一考古资料的出现，在建筑史上具有划时代的意义，标志着建筑室内空间自此成为有组织的划分。“前堂后室”作为古代民居的基本格局，前堂是家庭公共活动的空间，是古人进行议事、待客、祭祀和庆宴的公共场所，而室则是一个家庭成员的生活空间，供主人寝卧饮食等。房屋布局上的内向和封闭特征；空间关系上的“前堂后室”，也引申出文化意义上明显的性别差异。堂在外，室在内，古代妇女平时都在

“后室”，所以称为“内室”。妻在室，必须安于室，所以又称妻子为“内室”“室人”。

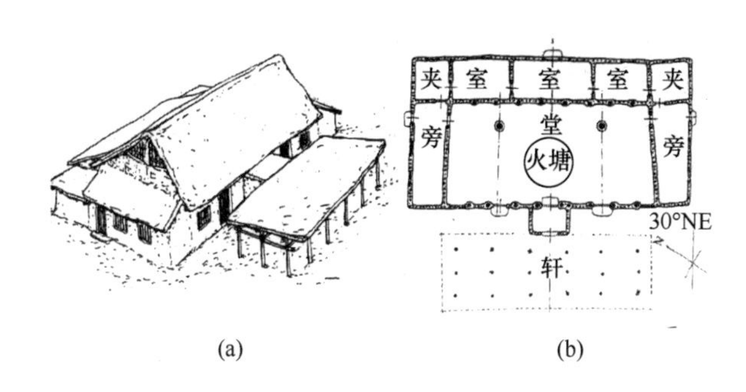

图 4-2　甘肃秦安大地遗址 F901 复原图

（引自杨鸿勋《杨鸿勋建筑考古学论文集》）

（a）甘肃秦安大地湾遗址 F901 复原鸟瞰图；（b）甘肃秦安大地湾遗址 F901 复原平面图

厅堂之别起源很早，《管子》曰：“轩辕有明堂之仪。”《春秋内事》曰：“轩辕氏始有堂室栋宇，则堂之名，肇自皇帝也。”据《管子》《春秋》云：“堂之名肇自黄帝”，这自然是传说。王国维说：“远古居室，始于穴，后发展之为地面之室。”由于人们社交与公共活动的增加，室便发展为厅、堂，“后世弥文而扩其外，而为堂。”在东汉画像砖中，有堂之高敞形象的表现。其空间通透，堂内二人（宾、主）席地而坐，作议事、宴饮之状，表现出堂的文化品格（图 4-3)。《说文解字》曰：“堂，殿也。从土，尚声。”《汉书》颜师古注：“古者室屋高大，则通呼为殿耳，非止天子宫中”，说明在汉代时堂和殿是通用的。古代官府为理政之所，成为“厅事”，简称“厅”，魏晋之始官邸与民居等的堂屋，亦称厅，从这个意义上可以说，厅是堂的别称。唐代诗人刘禹锡作《郑州刺史东厅壁记》云：“古诸侯之居，公私皆曰寝，其他室曰便坐。今凡视事之所皆曰厅。”这说得不错，汉代以后，“堂”作为官邸、民宅建筑的主体建筑，则一直保留。在五代、宋代画作中（图 4-4)，描绘的厅堂建筑极为常见，从这些绘画中可以看出厅堂多位于庭院的前部或中心轴线上，位置突出。在建筑平面上，有较大的室内活动空间，室内无柱，正厅多虚敞，很好地满足了起居、待客的功能需求。

图 4-3　汉画像石中的厅堂

（引自王洪震《汉代往事：汉画像石上的史诗》）

图 4-4　女孝经图

（引自中南海画册编辑委员会编《中国传世名画》）

就其文化属性而言，堂是渗透在房屋中的礼制性建筑空间，堂类建筑的多寡、高低、大小，同样体现社会的尊卑贵贱。前述《礼记·礼器》中的天子、诸侯、大夫、士之堂，这种以体形和高度来划分等级品位的方法通常用

于官式建筑，古代官署大堂称堂皇，引申为象征人格的雄伟、正大。“正大光明”，是厅堂的空间属性，引申为人格之磊落。“堂堂正正”，这是从厅堂方正、高显的空间形象而获得的人格比拟。赵广超在《不只中国木建筑》中说：“堂相当于一座教堂、一部历史、一片告示、一部法庭和一个内部检讨的场所。一切社会文化活动都写在厅堂之间，就算是方丈的空间，也足以安放整个天地之间。堂是个重要到不轻易应用的地方。”而保留在民间的堂，亦体现了一种完整的家族伦理秩序，富有浓郁的人情韵味。小型的民宅多为一堂数室；较大型民宅，一般分为上、中、下之堂，其中祖堂在（上堂）后，供奉祖先牌位。

文人结庐为堂，是历代读书人的雅嗜。在成都西郊，诗圣杜甫筑茅屋于浣花溪之畔，暂栖达四年之久。据其名作《茅屋为秋风所破歌》“八月秋高风怒号，卷我屋上三重茅”中的描述，杜甫的宅屋原本只是诗人旅居成都时临时搭建的几间茅草屋。但诗人在另一首《狂夫》里有诗云：“万里桥西一草堂，百花潭水即沧浪”，赫然提到“草堂”二字，这一名称，是杜甫自提，有一点可以肯定，杜甫茅屋在建筑上已经具有了“堂”的形式与格局。与杜甫草堂相比，欧阳修任扬州太守时营造的平山堂，也是一座著名的堂式建筑，南宋文学家叶梦得《避暑录话》称其为“壮丽为淮南第一”。平山堂虽不甚高峻，在建筑上也没有什么特别之处，平山堂的著名，而是由于修建平山堂的欧阳修的人格与文名。历代文人墨客屡有咏颂平山堂之作，其中苏东坡《西江月·平山堂》很是有名：“三过平山堂下，半生弹指声中。十年不见老仙翁，壁上龙蛇飞动。欲吊文章太守，仍歌杨柳春风。休言万事转头空，未转头时皆梦。”欧阳修自己也有一首《朝中措·送刘仲原甫出守维扬》流于后世：“平山阑槛倚晴空，山色有无中。手种堂前垂柳，别来几度春风。”历史上类似的文人名堂数不胜数，江西庐山有白居易“庐山草堂”，山东青州有李清照“归来堂”，扬州还有苏轼“谷林堂”，山东曲阜有孔尚任“诗礼堂”等。

处于古典园林中的一座座“堂”，在这里已不再是一种“礼制性”空间，堂本身已成为园林中的重要景观。如苏州拙政园的远香堂，平面四周不设墙，而以回廊相绕，只以连续长窗安装在步柱之间。陈从周先生《世缘集》中称苏州“拙政园内有几处景点是绝不可错过的。远香堂是座四面敞开的荷花厅，荷香香远益清，所以称远香堂。人至此环身顾盼，一园之景可约略得之。”苏州园林厅堂屋顶形制，又多采用卷棚顶，取圆柔之曲线造型，符合整座园林的总体审美文化格调。北京颐和园中的寄澜堂、涵虚堂、鉴远堂、知春堂等都是颐和园中知名的堂，它们既是园中最佳的观景场所，又是园中不可或缺的重要景观。

“明堂”是“堂”的最高等级形式，《大戴礼记》说：“明堂者，古有之也。”据《周礼·考工记》记载：“夏后氏曰世室，殷人曰重屋，周人曰明堂。”除此之外，《尸子·君治》：“夫黄帝曰合宫；有虞氏曰总章；殷人曰阳馆；周人曰明堂”，可以看出明堂的渊源久远。所谓明堂，即“明正教之堂”是“天子之庙”，有道是“王者造明堂、辟雍，所以承天行化也，天称明，故命曰明堂”。

关于明堂的功能，古人的说法也颇多。东汉蔡邕《明堂论》曰：“取其宗祀之清貌，则曰清庙；取其正室之貌，则曰太庙；取其向明，则曰明堂；取其四门之学，则曰太学；取其四面环水，圆如璧，则曰辟雍。异名而同实，其实一也。”可见明堂是一座集诸多礼制功能的综合体建筑。蔡邕《明堂月令章句》又曰：“明堂者，天子大庙，所以祭祀。夏后氏世室，殷人重屋，周人明堂。飨功，养老，教学选士，皆在其中”（图 4-5）。进一步明确说明明堂是用以宗礼其祖，以配上帝，同时举行朝会、庆赏、进士、教学、尊老、养贤等大典，是朝廷举行最高级别的祀典和朝会的场所。

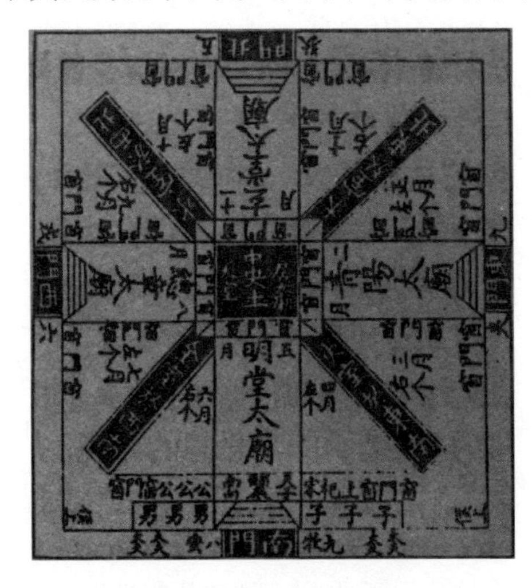

图 4-5　月令明堂图

（引自曹春平《中国建筑理论钩沉》）

明堂的古制很早就失传了，历

史上许多朝代的皇帝对于营建明堂都给予特殊的重视，曾经多次由帝王亲自主持方案设计，由此引发了一次次对明堂古制的考记、阐释和激烈的纷争，成为儒家聚讼千载的建筑之谜，是中国历史上围绕建筑形制讨论得最认真、最热闹的课题。

历史上，曾有过多次明堂方案的制订和建筑实践活动。《史记·孝武本纪》记载说："上欲治明堂奉高旁，未晓其制度。济南人公玉带上黄帝时明堂图。明堂图中有一殿，四面无壁，以茅盖，通水，圜宫垣为复道，上有楼，从西南入，命曰昆仑。天子从之入，以拜祠上帝焉。"于是诏令建明堂于泰山汶水上。公玉带的"黄帝明堂"之记载最为详细，不仅有名，其结构、形状、大小也都有清楚的描述，加之是出自史学家司马迁之手，影响颇大，甚至有人认为就是皇帝制造了明堂。《管子》曰"轩辕有明堂之仪"应由此而来。

汉平帝元始四年（公元 4 年），在长安城南郊建有明堂（辟雍）（图4-6），由古文经学大师刘歆等四人，引经据典，综合历史文献和记述，按照儒学礼制的要求而设计。明堂为十字轴对称的高台式建筑，台上中心有太室、四向，四隅有明堂、青阳、总章、玄堂"四堂"，有金、木、水、火"四室"，以及"八个""八房"即"四向十二室"（图 4-7）。土台周围有活水环流，大体吻合《礼记》等文献的记述和《考工记》夏后氏世室思想方案的尺度规定。西汉长安南郊的明堂建筑遗址已经发掘，被学界认为是西汉明堂，也有专家认为是辟雍旧址之所在。本遗址之平面大体上由方、圆两种几何图案组合而成，符合我国古代"天圆地方"的宇宙观。一些学者根据上述考古发掘资料及历史文献，对此明堂（辟雍）建筑作了种种复原的设想。汉光武帝中元元年（公元 56 年），在洛阳建明堂、灵台、辟雍，其灵台遗址已经初步发掘，明堂遗址已发现。洛阳明堂的建造采取了承袭长安明堂的基本形制而加以完善的做法，只是在基本形态上更加规整，模数运用上更加和谐，象征涵义更加细腻、丰富，达到了高台式明堂格局的成熟水平。

隋唐时期多有建明堂的计划，但真正实现的并不多，其中的一个重要原因就是对明堂古制的认识不一，"议者或言九室，或言五室"（图 4-8），一再

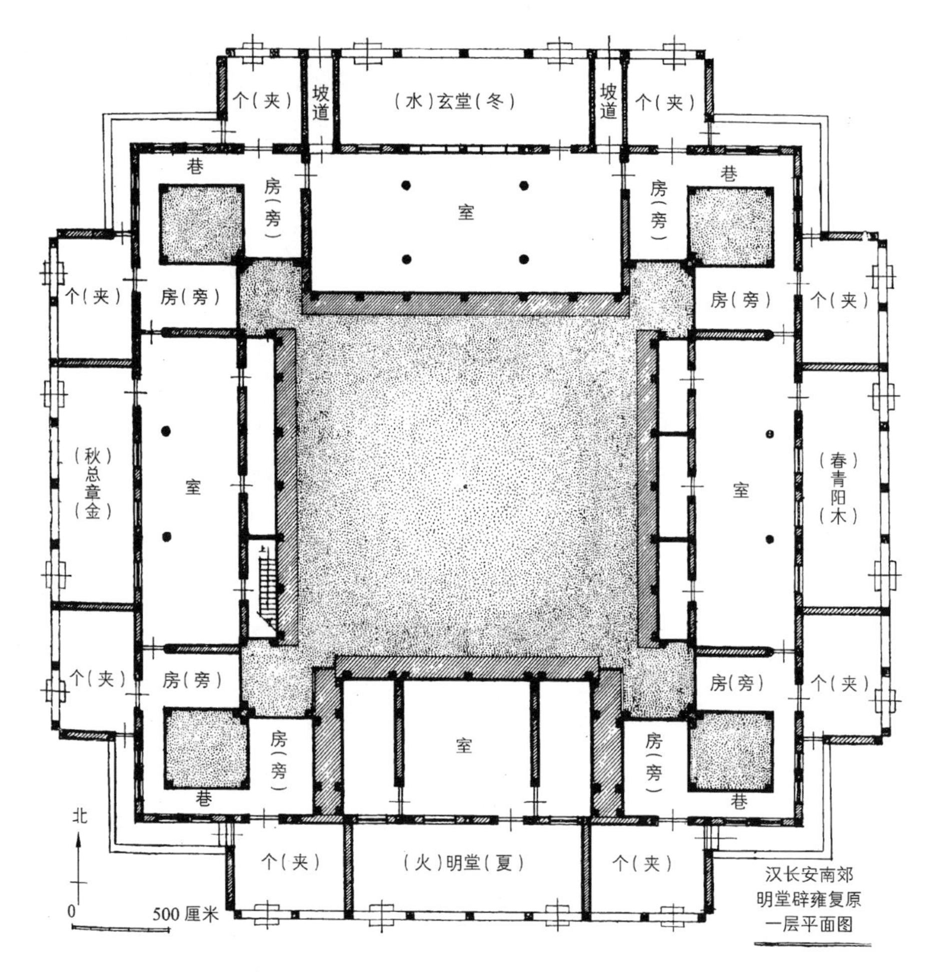

图 4-6　西汉长安南郊建筑明堂

（引自杨鸿勋《杨鸿勋建筑考古学论文集》）

引起无休止的纷争而搁置未建，终因“群议未决”古制茫然而未能实施。

武则天继承高宗遗愿，同时也视明堂为自己得天命的标志和王朝国运的象征，因此对造明堂之事极为重视。武后力排众议决断议案，不听诸儒喋喋不休的争议，而独与北门学士议其规制，明堂方案被很快确定。《武后本纪》记述它的形制是：“凡高二百九十四尺，东西南北各三百尺，有三层：下层象四时，各随方色；中层法十二辰，圆盖，盖上盘九龙捧之；上层法二十四

气，亦圆盖。亭中有巨木十围，上下通贯，栭、栌、撑、壶、藉以为本，亘之以铁索。盖为鸑鷟，黄金饰之，势若飞翥，刻木为瓦，夹纻漆之。明堂之下施铁渠，以为辟雍之象。号‘万象神宫’。”明堂气势恢弘、壮观华丽、巍峨参天，有吞天吐地、包罗万象之气，武则天于是给明堂起了一个很大气、庄严的名字——万象神宫（图 4-9）。这座明堂也是突破旧框框的创新设计，它既非高台式，也非殿宇式，而是一座大尺度、外观高三层、带通心柱的崇楼式，可登临。底层为方形，以布政之所的底层象征四时；祭祀之所的中层为十二变形，象征十二辰，覆有圆盖，上有九龙；顶层为二十四变形，象征二十四气，覆有圆顶攒尖，其上立饰金宝凤；室内为突破性的多层复合空间，中有巨型通心柱，直径有十人合抱之粗，并通过整体体型，满足上圆下方的基本象征。

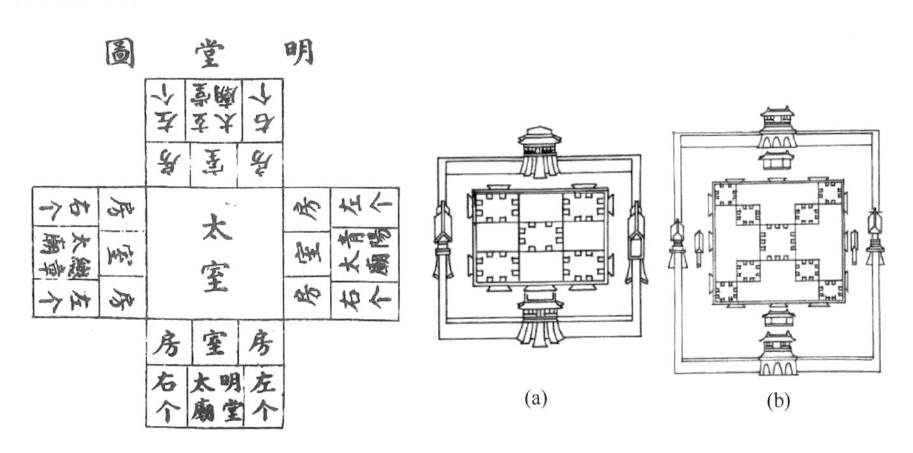

图 4-7　王国维明堂图

（引自王国维《观堂集林・上》）

图 4-8　五室、九室明堂

（引自聂崇义《三礼图》卷四）

（a）五室明堂；（b）九室明堂

从体量看，武氏明堂是唐代所建造的最伟大的建筑，其体量、规模之大，按日本所藏唐代尺子的平均值（每唐尺约 30.33 厘米）计算，高度约在 88 米左右，底层各边长约 90 米，这无疑是中国古代建筑史上最高大的木结构单体建筑，同时也是唯一一座楼阁式皇宫正殿建筑。李白在天宝初年游洛阳时曾作《明堂赋》，不禁唏嘘慨叹“盛矣，美矣！皇哉，唐哉！”这样巨大的高层建筑，在设计和施工上是极为复杂困难的。仅从在十一个月内建成一事，可以看出唐代在国力极盛时期的设计和施工能力及水平，万象神宫无疑是中国唐代建筑技术之巅峰巨作，其建筑技术和施工技术惊世骇俗。

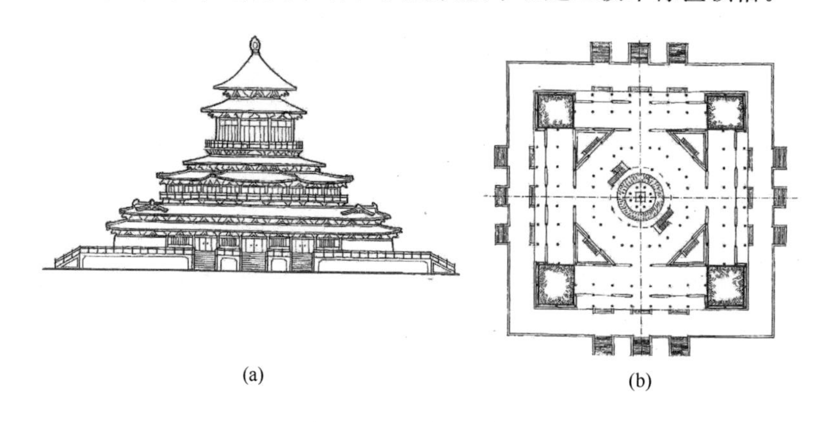

图 4-9　武则天明堂图

（引自杨鸿勋《杨鸿勋建筑考古学论文集》）

（a）明堂立面示意；（b）明堂平面示意

武则天以大胆、奇特的方式和颇高的创新精神建造明堂，“时既沿革，莫或相遵，自我作古，用适于事”，明堂不仅规模宏大，又是标新立异、时髦华丽之作，一反过去囿于周制的复古传统和呆板四方的单层建筑模式，在内涵上继承了传统明堂“象天法地”的设计原则。到玄宗继位后，这个明堂受到激烈抨击，称之为“体式乖宜，违经紊乱，雕镌所及，穷侈极丽”。到开元二十五年（737 年），进一步下令拆殿，后因为经办人以拆毁劳人，奏请只拆去上层，把它缩减后，复称乾元殿。

唐洛阳宫明堂上圆下方的建筑形制，开创了以后中国古代明堂建筑由方到圆的先河，它所体现出的天子与天相通、象征性表达四时、十二时辰、二十四气以及四面八方、天人合一、天圆地方等宇宙时空观的思想，是对中国传统建筑的巨大贡献，直接影响了后来的明清礼制建筑——天坛祈年殿的形制与设计。

5 左右为房

《说文解字》曰："房，室在傍者也。"段玉裁注："凡堂之内，中为正室，左右为房，所谓东房、西房也。"桂馥《说文义证》："古者宫室之制，前堂后室。前堂之两头有夹室，后室之两旁有东西房。"可见"房"的本义，就是正室两旁的居室。《尚书·顾命》中也有东房、西房之说："胤之舞衣、大贝、鼖鼓，在西房；兑之戈、和之弓、垂之竹矢，在东房。"《诗经·王风·君子阳阳》也有："君子阳阳，左执簧，右招我由房，其乐只且。"《事物纪原》据此称："（房）盖周制也"。

据考古发现，到了龙山文化时期，甘肃秦安县的大地湾遗址，屋内已有了功能上的简单分区，标志着原始建筑空间的组织划分，出现了成熟的"前堂后室"的布局。从张惠言《礼仪图》中士大夫堂室图的居住建筑格局看到，房屋的室内空间和外部空间（院落）布局，都有明确的功能方位。既有纵向建筑空间上的前后，"前堂后室"之分；又有横向空间上的分割，即"中为正室，左右为房"的正中和左右之分，还有东西两侧的东堂、西堂、东夹、西夹。房就是位于正室之两侧的居住空间，位置处于堂和夹的后面，都处于隐蔽的边缘位置（参第 4 章图 4-1）。

在户外，正室为一家之"堂"，左下和右下则是院落的厢房，亦称东房、西房、偏房、耳房。清代李斗说："正寝曰堂，堂奥为室，古称一房二内，即今住房两房一堂屋是也。今之堂屋，古谓之房，今之房，古谓之内。"李斗所说的"一房二内"，就是"一堂二内"。按他的解释其形式应是"一堂屋两房"，就是北方住宅通称的"一明两暗"。由此可见，被称为房的居住空间无论室内还是室外，都处于最不显眼的位置。随着时代的变迁，虽然建筑的形式发生了很大变化，而这种"房"的概念没有发生太大的变化。

《苏鹗演义》曰："房，方也，室内之方正也。又房，防也，防风雨燥湿也。”清楚地表达了房规矩方正的形状和防风雨侵蚀的防护功能。《园冶》释：“房者，防也。防密内外以为寝闼也。”意指房有“防”的意思，寝闼即空间有所隐秘以分别内外，以为就寝之作。由于房为内室，只设单扇门，“半门曰户”，故而古代诗词中说到户一般都指房的门。如古乐府《为焦仲卿妻作》：“府吏默无声，再拜还入户。举言谓新妇，哽咽不能语……府吏再拜还，长叹空房中，作计乃尔立。转头向户里，渐见愁煎迫。”说明“房”的位置、方位决定了其结构布局具有封闭、宁静、私密等空间特征，这些特征也赋予它更多的“私人”生活空间。

除了作为建筑空间的一部分外，房也可以作为具有专业功能的单体建筑物名称，比如《十洲记》：“昆仑山有琼华之室，紫翠丹房，锦云烛日，朱霞九光，西王母之所治也。”西王母之所治被称为紫翠丹房。古代皇妃的宫殿也常常被称为“椒房”，待嫁闺中的女儿居室称为“闺房”等。园林中也有各种形式不同的“房”，如苏州留园中有碧涵山房，为园中部景区的主厅，其名取自朱熹的诗句“一水方碧涵，千林已变红”之意。厅内轩敞高爽，陈设雅致；厅前平台宽广，依临荷池，至若盛夏，在此纳凉赏景，极为惬意，因此山房又叫“荷花厅”。苏州的环秀山庄有补秋山房，位于园之北端，又名补秋舫。这座建筑的形式是三间五架，单檐硬山，建筑前临水池，后依小院，附近绿荫茂密，峰石嵯峨，为园中之佳境。

最有意味和文化涵意的就是“洞房”了，封闭和私密的空间特征，恰好是男欢女爱的极好场所。“洞房”原意是指幽深而又豪华的居室，后被引申为新婚卧房。《楚辞·招魂》云：“姱容修态，絙洞房些”，意思是在幽深的房内满是貌美体修的佳人，这大约是“洞房”一词的最早出处。司马相如《长门赋》中亦有：“悬明月以自照兮，徂清夜于洞房。”陆机《君子有所思行》中又有：“甲第崇高闼，洞房结阿阁”的句子，形容的都是等级较高的房子。杜甫《洞房》有：“洞房环佩冷，玉殿起秋风。”张祜的《洞房燕》：“清晓洞房开，佳人喜燕来。”以上“洞房”表现的都是男女相爱的场所(图 5-1)。

图 5-1 《南京旧闻》中的洞房

(引自《南京旧闻》)

“洞房花烛”，见庾信《三和咏舞》诗：“洞房花烛明，燕余双舞轻。”其描写的并非新婚之夜。直到唐代后期，由于朱庆余《近试上张水部》诗中有：“洞房昨夜停红烛，待晓堂前拜舅姑”名句的广泛流传，“洞房”才真正由本义为寝用内室而引申为新婚卧房，并和原本多用于婚礼的“花烛”携手被赋予婚仪喜庆的甜美新意，成为人生至大喜事的吉祥祝福（图 5-2）。

图 5-2 筹备婚礼

(引自怀特《清帝国图记》)

柳永《少年游》有："昨夜杯阑，洞房深处，特地快逢迎。"王实甫《破窑记》有："到晚来月射的破窑明，风刮的蒲帘响，便是俺花烛洞房。"最有名的是洪迈的《容斋随笔•得意失意》："久旱逢甘雨，他乡遇故知，洞房花烛夜，金榜挂名时。(图 5-3)"

图 5-3　拜堂

（引自上海画报出版社《西方人笔下的中国风情画》）

6 读书之斋

《说文解字》曰："斋，戒洁也"，斋戒，旧指祭祀前整洁身心。《论语》有："斋必变食，居必迁座。"斋戒沐浴是祭祀以前的礼节，叫人专心一致来通神明，佛道兴起后是吃斋静修的礼节。

王孚《安成记》有："太和中，陈郡殷府君，引水入城穿池，殷仲堪又于池北立小屋读书，百姓于今呼曰读书斋。"明确了"斋"用到建筑上则是燕居之室曰斋，其含义是指专心一意读书的地方。计成《园冶》中说："斋较堂，惟气藏而致敛，有使人肃然斋敬之义。盖藏修密处之地，故式不宜敞显。"斋用于聚集精气，收敛心神，有令人肃然起敬的意思。《礼记·学记》曰："君子之于学也，藏焉，修焉。"斋是供人修身养性之处，环境应静僻，空间不宜高大显露。所以《园冶》中给出书斋选址的原则是："书房之基，立于园林者，无拘内外，择偏僻处，随便通园，令游人莫知有此。"王孚读书斋引水穿池，所以斋的选址一般又临近水系（图 6-1）。

图 6-1　秋夜读书图轴

（引自《中国美术全集·绘画·清代》）

"斋"既是修身读书的地方，又是园林建筑中的小品建筑，"'斋'其实并不代表任何一种建筑形式，只是一种幽居的房屋之意。中国的读书人

图 6-2 试砚图

（引自张福江《四库全书图鉴 9·墨法集要》）

和艺术家很喜欢称自己的工作室曰‘斋’，只不过是表示自己专心问学而已”。（图 6-2）（李允鉌《华夏意匠》）

网师园里有四个书斋，其中“集虚斋”，其名取自《庄子·人间世》中的：“唯道集虚。虚者，心斋也。”虚无淡漠，就是内心的斋戒。最精彩的是“看松读画轩”，看松读画轩位于彩霞池西北，掩映于苍古柏后。轩面宽四间，三明一暗，为园中一处主景，也是北部书房区唯一不以围墙阻隔的客书房。纵观园内环池一周非亭则廊，非轩则阁，建筑多临池而建，稍有隙地也与池山相呼应以得水之神韵。

皇家园林中的斋可成组群建筑，北海“静心斋”，原名“镜清斋”。清乾隆二十二年（1757 年）建，是皇太子的书斋，该处主要建筑有静心斋、韵琴斋、抱素书屋、枕峦亭、叠翠楼及沁泉廊等。该园以山、池、桥、廊、亭、殿、阁的优美建筑布局取胜。周围以短墙围绕，配以小桥流水，叠石岩洞，幽雅宁静，布局巧妙，风景如画，体现了北方园林艺术的精华，是一座建筑别致、风格独特的“园中之园”。圆明园中有“四宜书屋”，又称“安澜园”，仿海宁安澜园所建。“四宜”之意为“春宜花，夏宜风，秋宜月，冬宜雪，居处之适也。”嘉庆皇帝对四宜书屋十分喜欢，称其“春夏秋冬各擅奇，平皋书屋四时宜。纱橱温室连青锁，细柳名花绕碧池。”（图 6-3）

有的斋室，不取“斋”，而取其他的名字。如苏州狮子林里“立雪

图 6-3　四宜书屋

（引自《圆明园四十景图咏》）

堂”，此屋位于园之东南隅，虽为“堂”，但其实是斋，取成语“程门立雪”之意。相传北宋时有两位读书人，杨时和游酢，一个冬日，他们前往当时著名的北宋理学家程颐的家中拜访、求教。“游、杨二子，初见伊川，伊川瞑目而坐，二子侍，既觉曰：‘尚在此乎？且休矣！’出门，门外雪深一尺。”（《朱子语录》）比喻求学心切和对有学问者的尊敬。沧浪亭的“翠玲珑”也是一座书斋，三间小屋曲折相连，芭蕉掩映，翠竹相拥，是一个幽静的读书处。

古代学舍也常用斋名，如明斋、善斋、平斋等，它的建筑是成排的大型建筑。和尚、道士、居士等的斋堂，则是带有宗教性质的，这些都不是用于园林点景，或读书修身的地方了。

王圻《三才图会》插图中的斋绿水环绕，僻静优美，确是密修敛心的佳地（图 6-4）。柯律格在《明代的图像与观赏性》中提及《三才图会》中的“斋”是“表现了男性的理想书斋”，他探讨文震亨在《长物志》中谈到书斋中的“悬画宜高，斋中仅可置一轴于上，若悬两壁左右对列，最俗。”说法与《三才图会》中“斋”图之间有类似性。“斋”即男性文人的绝对空间，《三才图会》的插画作者与文震亨一样，认为某类特定的图画以特定的方式出现，才使之成为文人的空间。

图 6-4 斋

（引自王圻、王思义《三才图会》）

7 绣阁香闺

“宫中之门谓之闱，其小者谓之闺，小闺谓之閤。”（《尔雅·释宫》）东汉李巡注：“皆门户大小之异。”东汉孙炎注：“闱者，宫中相通小门也。”《说文解字》曰：“闱，宫中之门也。从门，韦声。”闱是宫中相通的小门。《左传·哀公十四年》所载“子我归，属徒攻闱与大门，皆不胜，乃出。”就是将闱与大门相别而言的。“庙门容大扃七个，闱门容小扃三个。”（《周礼·考工记·匠人》）东汉郑玄注：“庙中之门曰闱。”（清）孙诒让《周礼正义》：“凡天子七庙，诸侯五庙，皆有闱。”除了宫中的闱门以外，在庙中也设有闱门。在河南偃师二里头的一号遗址中，其院落东面均设有闱门。而清代学者张惠言所绘制的反映春秋时期士大夫住宅布局的《仪礼图》中，也有闱门，其位置在庭院的东北角。

《玉篇》：“宫中门小者曰闺。”《说文解字》曰：“闺，特立之户也。上圆下方，有似圭。”“圭”本指“土圭”“圭表”，是古代的标准计时器，作于王宫附近，引申为“土中”，再引申为“内部”。“门”与“圭”联合起来，表示“位于宅院中间的门”。古代“方端”之一的“玉圭”上圆下方，“闺”可能模仿了玉圭的形。

“閤，门旁户也。从门，合声。”（《说文解字》）段玉裁注：“按汉人所谓閤者皆门旁户也，皆于正门之外为之。”閤用来泛指门旁边之户，即大门旁边的入口，比如，汉佚名《上山采蘼芜》诗中所言：“新人从门入，故人从閤去。”从汉代开始，三公（太尉、司徒、司空）宅第的正门，往往并列有三门，其中的中门涂黄色，称之为黄閤。唐代诗人白居易的诗句：“尔随黄閤老，吾次紫薇郎。”即用其引申含义（《行简初授拾遗，同早朝入阁，因示十二韵》）。

清代顾炎武《日知录》卷二十四对閤有过如下考证，“（唐制）以宣政为前殿，紫宸为便殿，前殿谓之正衙，天子不御前殿，而御紫宸，乃自正衙唤仗，由閤门而入。百官候朝于卫者，因随以入见，谓之入閤。盖中门不启，而开角门也。”

图 7-1　闺

（引自王圻、王思义《三才图会》）

图 7-2　贵族闺房

（引自怀特《清帝国图记》）

闱、闺、閤三者均是宫内的小门，“皆门户大小之异”，尺度依次减小。从形态上看，闺是上圆下方，形如圭形，因为闺、閤通常表示等级的低下，又具有女性所用之特点，所以闺閤二字合起来表示卑下的身份。而司马迁更是用“闺閤之臣”称自己，以述其受到的不公平待遇。

因为当时的闱闺通常也是指宫内妇女所用的出入之门，所以后世的闱、闺也延伸为指宫中妃子的住处，或者泛指女性的住房，闺闱、闺閤均指妇女居住的地方（图 7-1）。闺在后世用来指称内宅、内室，特指女子的卧室，或借指妇女（图 7-2）。

“闺”作为特定的女性群体的专用词语，关于闺的组词、成语非常之多，如“闺房”“深闺”“闺秀”“闺阁”“春闺”“中闺”“秀闺”“玉闺”“绣闺”“金闺玉堂”“绣阁香闺”“闺英闺秀”等。

闺怨形成其特有的“文学性”，亦走入诗词文化，尤“闺怨诗”更是丰富多彩。闺怨诗是古代诗坛一枝独秀的奇葩，闺怨诗有山水田园诗、边塞诗等成为古代诗人最喜欢的题材。如杜甫的《捣衣》：“用尽闺中力，君听空外音。”如王昌龄的《闺怨》诗云：“闺中少妇不知愁，春日凝妆上翠楼。忽见陌头杨柳色，悔教夫婿觅封侯。”李白《紫骝马》诗有：“挥鞭万里去，安得念春闺。”

8　尘满疏窗

人类祖先原始穴居时代的“坑状竖穴”，其顶部以树枝杂草覆盖，作为穴居的顶盖，在穴居顶盖的一侧预留一个孔洞，其作用是上下出入、采光排烟、通风透气，是最早的具有门窗双重功能的设计。西方现代主义建筑大师柯布西耶说过：“建筑的历史就是为光线斗争的历史。”的确，窗户的首要任务就是采光。

《说文·穴部》里云：“窗，通孔也，……在墙曰牖，在屋曰囱，囱或从穴作窗。”“窗”字本意即由穴居顶上排烟的通孔“囱”演变而来，开在屋顶上的洞口为“囱”，开在墙上的洞口即为“牖”（图 8-1）。当穴居半穴居演变为地面建筑时，其结构演变为墙体与屋盖两部分，而囱与牖的主要区别在于前者位于屋顶而后者设于墙上。囱在漫长的岁月中逐渐细化，演变成天窗和烟囱等形式，而牖也发展成了房檐下的通风窗和横窗子。

图 8-1　西安半坡仰韶文化复原图
（引自刘叙杰《中国古代建筑史》第一卷）

梁元帝的《东宫后堂仙室山铭》中的：“朱鸟安窗，青龙作牖”只是文学意义的描述。“窗”和“牖”原是有区别的，“木作囱，在墙曰牖，在壁曰窗。明堂之制，五户八窗”“交窗者，以木横直为之，即今之窗也”，便是最早窗户的雏形。《说文解字》曰：“牖，穿壁以木为交窗也”，还有“古者室必有户有牖，牖东户西，皆南向。”可见“牖”的本义是墙壁上的“木窗”，且朝南向，殆其与户同向；《论语·牖也》：“伯牛有疾，子问之，自牖执其手。”这里的“牖”是指在墙上开的孔洞。故汉代王充《论衡·别通》说：“开户内日之光，日光不能照幽，凿窗启牖，以助户明也。”

到了后来，窗和牖的界限渐趋模糊，依据现存文献典籍，“窗”和“牖”多为相通。如两汉乐府诗《妇病行》中有“闭门塞牖，舍孤儿到市。”《文选·古诗》十九首之二《青青河畔草》中则有“盈盈楼上女，皎皎当窗牖”也是一例，此处所指的窗其实已与牖相同，均指开在墙上的窗。牖又常与“户”对举或复合构成“户牖”或“牖户”之并列结构。

按袁文《瓮牖闲评》考，古代穷人生活极贫困，盖房苦于无窗。成语有“瓮牖绳枢”的描述，“绳枢”是说用绳代替门轴。“瓮牖”是指墙上开个洞，洞中塞个无底的破瓮，则以为窗。这样的窗是谈不上任何形式了。

从西周的青铜器中，可见到窗的原始形态；从汉代墓葬出土的明器上，能见到汉代窗的具体形象，通过这些明器，我们可以看到不同样式的窗的图式（图 8-2）。此时的窗芯固定于窗框中，竖向左右等距离排列窗棂时，称为直棂窗；横向上下等距离排列窗棂时，称为卧棂窗；还有正方格及斜方格等窗棂形式。如存世最古老的建于公元 782 年的山西五台山南禅寺大殿及建于公元 857 年的佛光寺大殿等均为直棂窗。从魏晋南北朝一直到唐代，直棂窗的样式被广泛使用，这段时期窗的造型轮廓简朴素洁，线条流畅。宋代以后有很大发展演进，窗不仅式样繁多，装饰也趋于华丽。古代窗户形式大致可分为：直棂窗、槛窗、支摘窗、横披窗。直棂窗是固定而不能开启的窗户，唐宋以前一直比较流行，其后逐渐被槛窗所替代；槛窗是设于殿堂门左右槛墙上的窗；支窗是可以支撑的窗（图 8-3）；摘窗是可以摘卸的窗，合而称为支摘窗；横披窗是设于高大建筑门窗槛上的窗户。

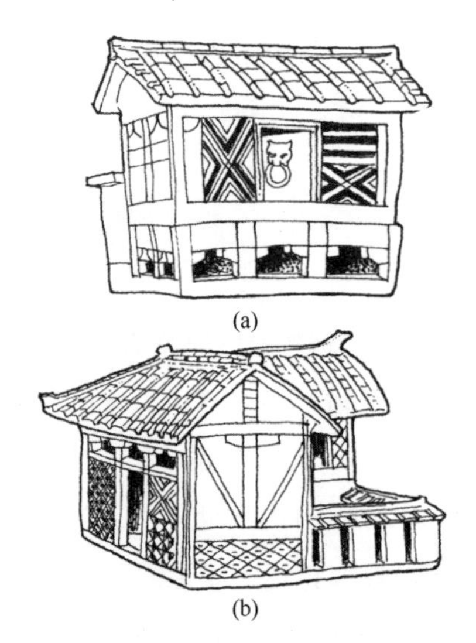

图 8-2　汉墓明器上窗的图式

（引自刘枫《门当户对》）

谈论门窗，我们无法离开关于隔扇的话题。隔扇的出现要晚很多，宋朝是隔扇广泛使用的时期（图 8-4）。隔扇是门与窗的结合，落地式隔扇可以任意装

卸，也可作为屏风和隔断使用。隔扇之美是中国古代门窗一段优美的华彩乐章，隔扇之美真正的重点在于隔心，用棂木条能组成步步锦、灯笼罩、回纹、万字纹、十字纹、冰裂纹、葵纹、八角纹、菱角、菱花、如意海棠等多种纹饰图形，竭尽变化。这些基本线型又能与各种民间流行的吉祥图案雕刻相组合，而组合方式又有多种，形式多到难以计数。隔扇的装饰效果达到了美轮美奂的极致，穷尽变化、工艺精湛。

中国古代建筑中的窗和门相比较，很少带有"官式"色彩，在民间建筑中，窗饰形态实际上要比宫殿建筑更加丰富、更加生动。明清时代的窗饰总体上已脱离了早期唐宋的简约风格，更倾向于纤细华丽、精雕细琢。李渔《闲情偶记》中说："窗棂以明透为先，栏杆以玲珑为主，然此皆属第二义；

图 8-3 凭窗戏鸭

（引自《西方人笔下的中国风情画》）

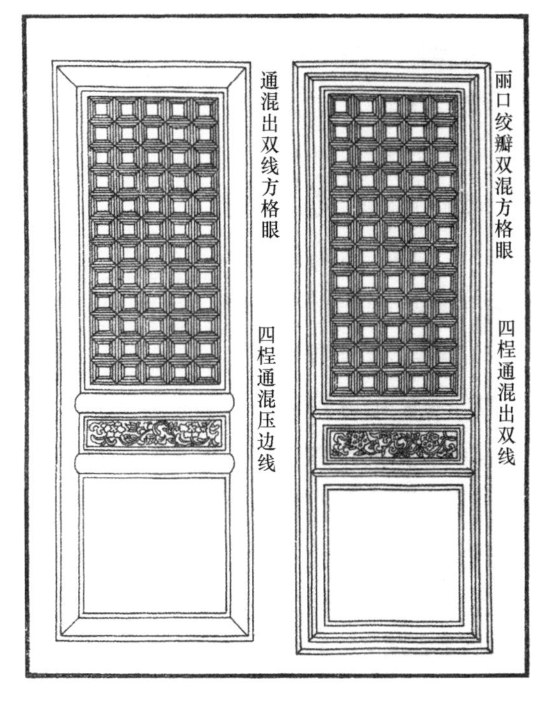

图 8-4 宋《营造法式》中的隔扇

（引自［宋］李诫《营造法式》）

具首重者，止在一字之坚，坚而后论工拙。尝有穷工极巧以求尽善，乃不逾时而失头堕趾，反类画虎未成者，计其数而不计其旧也。总其大纲，则有二语：宜简不宜繁，宜自然不宜雕斫。凡事物之理，简斯可继，繁则难久……木之为器，凡合笋使就者，皆顺其性以为之者也；雕刻使成者，皆戕其体而为之者也；一涉雕镂，则腐朽可立待矣。故窗棂栏杆之制，务使头头有笋，眼眼着撒。然头眼过密，笋撒太多，又与雕镂无异，仍是戕其体也，又宜简不宜繁。根数愈少愈佳，少则可怪；眼数愈密最贵，密则纸不易碎。然既少矣，又安能密？曰：此在制度之善，非可以笔舌争也。”“又要简，又要密，要坚固，又要明透，要制作精致，又要顺其自然，要拿捏得当，大概既要师承，又要实践；既要法度森严，又要随机灵活，这恐怕断非徒有口舌之能所可把握的吧。”（刘枫《门当户对》中国文化遗珍丛书）

(a)

(b)

图 8-5　窗上的木雕装饰

（引自楼庆西《户牖之美》）

（a）粗木上窗的木雕装饰；

（b）窗上的木雕瓶形装饰

作为建筑的构件之一，窗的色彩与雕刻工艺，其精彩不可或缺。唐宋时期的窗饰色彩可从宋《营造法式》的描述中窥见一斑，有土朱刷，即土红色的效果，其间可间杂使用黄丹、土黄及绿色；还有合朱刷或合绿刷，效果应为红色或绿色系列。明清时期宫殿建筑隔扇全部红底描金，而民间的窗饰用色则更加丰富，木质本色的清新雅致，有色彩的窗饰则浓艳热烈，红、绿、蓝、橙、白、金等各种颜色，色彩斑斓，有着强烈的艺术感染力。从现存于世相对较多的明清古建筑中，我们可以看到窗上的雕刻工艺也非常丰富，主要包括透雕、浅浮雕、深浮雕和线刻等工艺方法，雕刻手法的运用又相当灵活。从雕刻内容上看，这些装饰纹样或抽象或具象，通过动物、植物、人物以及文字、数字等图案形象，借助比喻与象征的手法，来表达一定的思想内涵（图 8-5）。

上面探讨的是建筑物上的窗，关于我国传统园林窗牖的样式，依照明代造园家计成的总结与概括，那是千变万化了，如梅花式、葵花式、海棠式、鹤子式、贝叶式、栀子花式、菱花式等。而李笠翁的“尺幅窗”“无心画”则给窗赋予了“画境”，“窗非窗也，画也。”古代窗牖之景致，计成说得甚为详焉：“门窗磨空，制式时裁，不惟屋宇翻新，斯谓林园遵雅，工精虽专瓦作，调度犹在得人，触景生奇，含情多致，轻纱环碧，弱柳窥青。伟石迎人，别有一壶天地；修篁弄影，疑来隔水笙簧，佳境宜收，俗尘安到。切记雕镂门空，应当磨琢窗垣，处处邻虚，方方侧景。”漫步园林，人们往往会被开在回廊上的一孔孔漏窗所吸引，漏窗本身是景，透过漏窗，窗内外的景物互相打破了封闭的空间。《园冶》云：“轩楹高爽，窗户虚邻，纳千顷之汪洋，收四时之烂漫。”是说经过小小的窗户加工裁剪，能纳入“千顷汪洋”“四时烂漫”的自然风景并显得更加艺术。

日本学者伊东忠太在他的《中国建筑史》一书中写了这么一段话：“世界无论何国，装修变化之多，未有如中国建筑者。兹试列举二三例于下：先就窗言之，第一为窗之外形，其格式殆不可数计。日本之窗，普遍为方形，至圆形与花形则甚少。欧罗巴亦为方形，不过有圆头或尖头等少数种类耳。而中国则有不能想象之变化，方形之外，有圆形、椭圆形、木瓜形、花形、扇形、瓢形、重松盖形、心脏形、横披形、多角形、壶形等。窗中之棂，亦有无数变化。日本不过于普通方形之纵横格外，加数种斜线而已。棂孔之种类，孔亦只十数种。然中国除日本所有外更有无数变化。其中‘卍’字系、多角形系、花形系、冰纹系、文字系、雕刻系等最多。余曾搜集中国窗之格棂种类观之，仅一小地方，旅行一二月，已得三百以上之种类。若调查全中国，其数当达数千矣。”

晋代画家顾恺之曾谓：“传神写照，正在阿堵（此处指眼睛）中，”即眼睛是心灵的窗户。无独有偶，在俄语中“窗”和“双眼”为同一词根。我国著名国学大师钱钟书先生曾写过一篇关于“窗”的著名散文：“窗可以算房屋之眼睛。刘熙《释名》说：‘窗，聪也；于内窥外，为聪明也。’”他又说：“窗子打通了大自然和人的隔膜，把风和太阳逗引进来，使屋子里也关着一部分春天，让我们安坐了享受，无须再到外面去找。”(《写在人生边上》) 窗一如建筑的眸子，给房屋以阳光、空气和风与视眼。在这里，既涵盖了它的实用功能，是构成居住空间的重要组成部分，也是一扇充满诗意给人以无限遐想的心灵孔窍。“移竹当窗”是把窗口当成一个取景框，通过各种形式的窗户借景取景，来欣赏一幅幅生动的景色。李渔在《闲情偶寄》的“居室部”窗栏一节中指出：“借景之法，乃四面皆实，独虚其中而为便面之形。”这种方法又称为“尺幅窗”“无心画”。《园冶》有：“移竹当窗，分梨为院，溶溶月色，瑟瑟风声，静拢一榻琴书，动涵半轮秋水，清气觉来几席，凡尘顿远襟怀。”各式门洞、窗洞、漏窗及建筑空间，作为取景框，在隔与透、虚与实、远与近之间，景随人动、移步换景。再看看李渔论“窗”之用，说“开窗莫妙于借景。而借景之法，予能得其三昧”。遐想那舟中人看临河之窗缓缓移动及那倚窗凭栏看风景之人的模样，应是饶有兴味的，眼睛借窗把一片实景转化为一个心灵纯化之意境（图 8-6）。

图 8-6　湖亭秋兴图

（引自中南海画册编委会编《中国传世名画》）

人们为了阅读大自然的“原稿”，总是凭窗远眺，将自然山色美景渗透到笔下，借窗排遣心中的欢悦与积绪。由于“窗”的文化形象特征，古人为此留下了不胜枚举的文学作品，如“城池满窗下，物象归掌内”（高适

《登广陵栖灵寺塔》)；“山河扶绣户，日月近雕梁”（杜甫《冬日洛城北谒玄元皇帝庙》)； “东窗对华山，三峰碧参差” （白居易《新构亭台，示诸弟侄》)。唐人笔下体察万象，以豪迈的心情，俯瞰品类，揽日月山川于户内。从“窗含西岭千秋雪，门泊东吴万里船”（杜甫《绝句》）到“卷帘唯白水，隐几亦青山”（杜甫《闷》)，这是诗圣眼中窗的景象，实景亦幻景；“隔窗云雾生衣上，卷幔山泉入镜中”（王维《敕借岐王九成宫避暑应教》)；“萤飞秋窗满，月度霜闺迟”（李白《塞下曲》其四)；“窗前远岫悬生碧，帘外残霞挂熟红”（罗虬《句》）及叶令仪“帆影多从窗隙过，溪光合向镜中看”；雍正的“竹影横窗知月上，花香入户觉春来”等诗句中，感受到会说话的窗户，可看到不同时期的文人独坐窗前，每一扇窗户，都像镶嵌着一幅幅旖旎的画幅，打开散淡的心境。

宋词中出现“窗”也较多，如“庭院深深深几许？云窗雾阁常扃”（李清照《临江仙》)；“小阁藏春，闲窗锁昼，画堂无限深幽”（李清照《满庭芳残梅》)；“匆匆纵得邻香雪，窗隔残烟帘映月”（柳咏《玉楼春》)；“要见有时有梦，相思无处无愁。小窗若得再绸缪，应记如今时候”（李之仪《西江月》)；“浮空两竹横南阁，倒景扶桑射北窗”（苏轼《登州孙氏万松堂》)；而汪藻的“起来搔首，梅影横窗瘦”（《点绛唇·新月娟娟》）和李清照的“病起萧萧两鬓华，卧看残月上窗纱”（《摊破浣溪沙》）则是另一番韵味，伤感之情让人唏嘘感叹。

从关于记载窗牖的旧闻轶事里同样也可感受到古人的雅趣。《开元天宝遗事》有段趣闻：“李林甫有女六人，各有姿色，雨露之家 ，求之不允，林甫厅事壁间，开一横窗，饰以杂宝，缦以绛纱，常日使六女，戏于窗中，每有贵家子弟入谒，林甫即使女子窗中自选可意者事之。”可知窗有更为世俗的功能。古代窗户大多糊以纸和纱，艺术家们常在糊好的窗纱上作画，郑板桥就有：“影落碧纱窗子上，便拈毫素写将来。”《梁书》卷 54 提到的宗炳之孙、南齐画家宗测曾有：“乐闲静好松竹，尝见日筛竹影于窗上，以笔备描之。”纱窗的雅趣，在曹雪芹的笔下更是写到了极致：“贾母因见窗上纱的颜色旧了，便和王夫人说道，‘这个纱，新糊上好看，过了后儿就不翠了。这院子里头又没有个桃杏树，这竹子已是绿的，再拿绿窗纱糊上，反倒不配。我记得咱们先有四五样颜色糊窗的纱呢，明儿给他把这窗上的换了。’……一样秋香色，一样松绿的，一样就是银红的。要是做了帐子，糊了窗屉，远远地看着，就似烟雾一样，所以叫‘软烟罗’。那银红的又叫做‘霞影纱’，如今用的府纱也没有这样软厚轻密的了。”（《红楼梦》第四十回）

古人对窗牖是极其重视的，著名学者赵鑫珊曾站在文化传承的角度提出批评，指出窗的魅力在现代建筑中日益衰退。他在其著作《建筑是首哲理诗》中感叹道：“我们忽视了窗户的布局、几何造型和装饰，这是一个错误。”“可是近半个世纪以来，我们的窗仅仅是生存的窗，原先的生命窗消失了……然而，只有生命窗才富有诗意。”作者的感慨带给我们现代人一种尴尬，同时也带给当代建筑界许多深思！

9 帘底纤月

帘，最初为门或窗的附设物，《说文解字》曰："帘，堂帘也。从竹，廉声。"段玉裁注："帘，施于堂之前，以隔风日而通明……帘，析竹缕为之，故其字从竹。"其本义为施于堂之前以隔风日，或遮蔽门户的竹帘，多以竹丝或苇秆编成（图 9-1）。帘在古代又称"薄"，《尔雅》："屋上薄谓之筄。"郝懿行《尔雅义疏》云："薄即帘也，以苇为之。"

早在我国先秦时期窗帘就已进入古人的生产实践和生活当中，用来改善室内环境。如北魏贾思勰所著的《齐民要术》中记载："每饲蚕，卷窗帏，饲讫还下，蚕见明则食，食多则生长。"另有"但天气晴朗，巳午之间，时暂揭窗帘，以通风，日南风则卷北帘，北风则卷南帘，放入倒溜风气则不伤蚕。"从中可以看出人们已开始利用帘的卷舒这一简单而有效的方法，来调节室内光线的明暗变化，适当控制蚕的生长。在王祯《农书・蚕缫门》中亦记载："西窗宜遮西晒。尤忌西南风起，大伤蚕气，可外置墙壁四五步以御之。"为营造适合于蚕生产的环境，利用不同方位的窗帘，来调节室内的风气，从而提高生产的质量和效率。此外，窗帘的卷舒之间还体现着古人的养生之道。高濂撰《遵生八笺》说："吾所居室，四边皆窗户，遇风即阖，风息即开。吾所居座，前帘后屏，太明则下帘以取其内映，太暗则卷帘以通其外曜。"王肯堂撰《证治准绳》也说："如天热则撤去衣被，令常清凉，但谨门窗帷帐勿使邪风透入。"在中医的观念里风是万病之源，风对人的身体健康

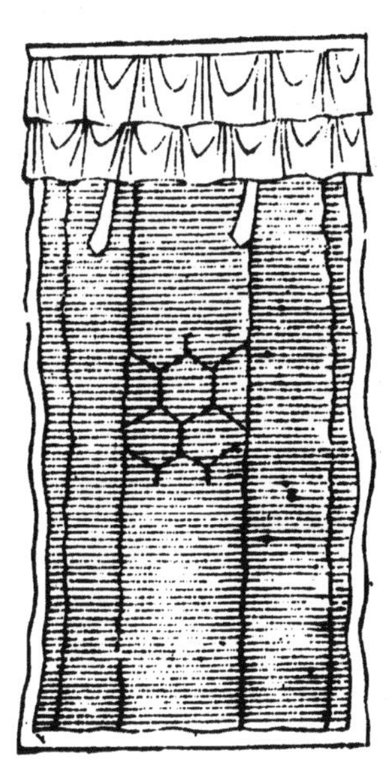

图 9-1　帘

（引自王圻、王思义《三才图会》）

有至关重要的作用。

这里面都提到窗帘，它主要具有遮蔽阳光、阻止蚊蝇、阻挡寒风等功能，是古人用来控制室内环境的重要手段。因帘之轻薄通透，不具有防风御寒之功能，于是常常在帘后悬幕，双层并垂，各有其用。古文中因以“帘幕”并用，合成一词，帘多以竹丝编成，幕是织物，帘和幕表面均可画可绣，故有“画幕”“绣幕”之称。

从对大量的图像资料的考证中可以看到，我国古代窗帘形式是十分丰富的。依据窗帘不同的开启方式，张红娟《重帘复幕，舒卷有致》一文中，将古代文献资料中出现的窗帘归纳为三种基本类型：上卷类、平掀类和撑启类。实际上，这些古代帘的形式，时至今日都能看到它们的身影。上卷类窗帘主要有组绶式和卷帘式两种类型。组绶式窗帘是指每隔一段距离就有对应的两条带子，以带子将窗帘向上系起为开启方式的窗帘，带子系起时将窗帘也向上卷起。被束起的帘既可以起到收拢作用，形成一段段的波浪形本身即是一种很好的装饰效果。隋唐以前的窗帘，包括室内的帷幔等纺织品，常常以组绶的形式出现（图 9-2）。所谓的卷帘式是指将窗帘从底部开始向上卷起，卷到顶部后用带子或钩子将其固定的形式。古时的帘是靠“卷”来使用的，而“卷”基本上是靠人手来完成的（图 9-3），这是件很有意思的事情。卷帘的动作是完成室内外空间转换的瞬间，拥有从视觉变化转换为心理感受的奇妙效果。古代诗文中有很多对于卷帘这一动作和场景的描写，如胡曾《杂曲歌辞 • 独不见》的“窗残夜月人何处，帘卷春风燕复来”，苏轼的《少年游 • 润州作》中的“对酒卷帘邀明月，风露透窗纱”，以及“人情伤岁时，卷我东窗帘”“采阁闭朝寒，妆成拟问安。忽闻春雪下，唤婢卷帘看”等诗词中都形象地

图 9-2　汉《六博图》

（引自杨东辉《中国家纺文化典藏》）

描写了“卷”起窗帘的动作。

所谓平掀类窗帘其开启方式分为单边开启和双边开启两种，是指窗帘向窗的一边或两边掀起开来，由带子或帘钩收拢起来（图 9-4）。《全唐诗一》中的《秋夜寓直中书呈黄门舅》诗中描述，“帘栊上夜钩，清切听更筹。”其中的“帘栊”指的就是窗帘，从文献资料的描述中也可以看出帘钩的使用情况。图 9-5 中描绘的窗帘即为单边开启，窗帘由带子束起，收拢在画面的左侧。又有宋代黄庭坚《与人书》云：“又虑风雨夜中冷，须得两帘于窗里，各阔五尺，长三尺七，以柿胶糊之。仍打四小铁环，四小铁钩，事乃大备。”这里的“两帘于窗里”说明窗帘是对开的，“四小铁环”“四小铁钩”应为收拢窗帘所用的器具帘钩。

图 9-3 ［清］焦秉贞绘《仕女图》

（引自中南海画册编辑委员会编《中国传世名画》）

图 9-4 《诗余画谱》鹧鸪天・春闺

（引自陈同滨等《中国古代建筑大图典》）

撑启类窗帘是窗帘款式中较为特殊的一种，“这类窗帘分为两种形态，无框撑启和有框撑启。无框撑启是将窗帘的上沿固定在窗户之上，窗帘的下沿用木条做骨架，两边保持纺织品的柔软性，下沿的木条方便撑启时用木棍做支撑用。窗帘撑起后具有遮阳的作用，当支撑放下后帘体垂下，则形成一个遮蔽窗户的窗帘。”（张红娟《重帘复幕，舒卷有致》）如图 9-6 所示的插图作品中，描绘了一处庭院中的建筑，窗户肆意大开，窗前撑起的窗帘可以遮蔽阳光，使屋中的人可以更加舒适坐在窗前，凭窗远眺。

图 9-5 《诗余画谱》海棠春·春晓

（引自陈同滨等《中国古代建筑大图典》）

图 9-6 ［明］崇祯《金瓶梅词语》插图

（引自陈同滨等《中国古代建筑大图典》）

当人们懂得了帘幕的装饰之美，事实上帘的含义也逐步延伸扩展，其功能也由单纯的门窗附设物变为可以障隔空间内外的重要装饰物（图 9-7），孔尚任《桃花扇》诗曰：“这泥落空堂帘半卷，受用煞双栖紫燕。”可见帘的使用除门帘、窗帘外，其范围至庭堂、室内皆可放置，并由此而产生奇妙的审美效果。

著名古建筑园林家陈从周在《说“帘”》一文中写道：“说起帘，这在中国建筑中起着神秘作用的东西……帘在建筑中起‘隔’的作用，且是隔中有透，实中有虚，静中有动，因此帘后美人、帘底纤月、帘掩佳人、隔帘西风、隔帘双燕、掀帘出台等等，没有一件不叫人遐想，引人入画……我总感到中国人用帘，不仅是一个功能问题，它是蕴藏着深厚的文化在内。”神秘的“帘”，似隔非隔的作用，朦胧映像的帘内帘外，在重重垂帘之间就变成为一个个诗的意境，如陈鹤岁先生所说：“帘在中国文学里显得特别活跃。”

图 9-7　牟益《捣庛图》局部

（引自杨东辉《中国家纺文化典藏》）

李商隐在一首著名的《无题》诗中，将《世说新语》中一则比喻男女私情的典故浓缩为“贾氏窥帘韩掾少”的诗句，将故事点化为“窥帘”，只有“窥”才能感悟其中的妙趣。又如唐薛逢《宫词》：“遥窥正殿帘开处，袍袴宫人扫御床。”更有无名氏的《鹧鸪天》：“园苑里，粉墙西，佳人偷揭绣帘窥。”古诗词中经常出现的“帘掩佳人”，都离不开“窥”字。而李清照《醉花阴》：“帘卷西风，人比黄花瘦。”盍西村《小桃红》：“疏帘卷起，重门不闭，要看燕双飞。”这些又都伴随着卷帘的动作，许许多多的故事就发生在这“窥”与“卷”之间。

帘在其他文体的文学作品中也有大量描述，有人统计在小说《金瓶梅》中，除去标题和诗词，“帘”出现频率多达 129 处，是把“帘”描写得最多、利用得最好的名著作品。书中有超过十多回的故事情节都描写到“帘”的种种图景，并提到很多不同种类和形式的“帘”。

潘金莲的外遇正是发生在她将帘子叉滑落的一瞬间，“白驹过隙，日月如梭，才见梅开腊底，又早天气回阳。一日，三月春光明媚时分，金莲打扮光鲜，单等武大出门，就在门前帘下站立。约莫将及他归来时分，便下了帘子，自去房内坐的。一日也是合当有事，却有一个人从帘子下走过来。自古没巧不成话，姻缘合当凑着。妇人正手里拿着叉竿放帘子，忽被一阵风将叉竿刮倒。妇人手擎不牢，不端不正却打在那人头上。妇人便慌忙赔笑，把眼看那人……可意的人儿，风风流流从帘子下丢与个眼色儿。这个人被叉竿打在头上，便立住了脚，待要发作时，回过脸来看，却不想是个美貌妖娆的妇人。”在这一特定情节中，潘金莲隔着窗帘将妩媚的眼帘投向楼下的西门庆，帘成了故事发展的专门道具。张竹坡的《金梅瓶》评点有如是评说：“篇内写叉帘，凡先用十几个‘帘’字一路影来，而第一个‘帘’字，乃在武松口中说出。夫先写帘子引入，已奇绝矣，乃偏于武松口中逗出第一个‘帘’字，真奇横杀人矣!”

“《红楼梦》中帘帏背后也有美丽风景。大观园里各处屋舍所配置的重重帘帏，数量既多，品类繁多。毡帘、竹帘、盘花帘、湘帘、珠帘、绣帘、软帘……这些帘的质地和美饰程度直接影响特定情境中的氛围和格调，不同处所配置不同帘帏皆因人而异。”（陈鹤岁《汉字中的中国建筑》）

《红楼梦》第十八回描述省亲别墅盛装迎元春时，贾妃乘船游园，看到“船上亦系各种精致盆景诸灯，珠帘绣幙”；进入行宫时，“说不尽帘卷虾须，毯铺鱼獭……真是‘金门玉户神仙府，桂殿兰宫妃子家’。”“珠帘”是以珠缀饰而成的帘子，“虾须”则是用细如虾须的竹丝编成的帘子，这里描写的“珠帘”和“虾须”均为富贵之家享用的奢华之物。刘姥姥误闯贾宝玉的居所怡红院，“及至到了房舍跟前……一转身，方得了一个小门，门上挂着葱绿撒花软帘。”林黛玉在“海棠诗社”所写《咏白海棠》中咏道：“半卷湘帘半掩门，碾冰为土玉为盆。”她的目光流连在帘上，窥视到的却是冰清玉洁的白海棠。用湘竹编成的帘子，不仅与潇湘馆“有千百竿翠竹遮映”的建筑格调相吻合，也与林黛玉体态天生似竹子的气质相契合。“桃花帘外东风软，桃花帘内晨妆懒。帘外桃花帘内人，人与桃花隔不远。东风有意揭帘栊，花欲窥人帘不卷。桃花帘外开仍旧，帘中人比桃花瘦。花解怜人花也愁，隔帘消息风吹透。风透湘帘花满庭，庭前春色倍伤情。”（《桃花行》）命薄如桃花

的林黛玉，蔌蔌沾满帘子的桃花，也触发了林黛玉的忧愁暗恨，写下了这首《桃花行》，这些对竹帘的细微描绘令人叫绝。

“帘是一间屋子的特殊窗户，帘也是一间屋子的特殊帐幕，戏总是在幕后演出。”（陈鹤岁《汉字中的中国建筑》）足见帘这一本用于建筑功能使用的构件，给文学创作带来的巨大贡献。

10 溷轩为厕

厕所是专供人类日常生活使用的处所，虽一向不登大雅之堂，但却是人类生活不可或缺的重要场所。古代文献记载的厕所别称非常多，《说文解字》云："厕，清也。"《释名·释宫室》谓："厕，杂也，言人杂厕在上非一也；或曰溷，言溷浊也；或曰圊，言至秽之处，宜常修治，使洁清也；或曰轩，前有伏，似殿轩也。"《说文解字》："溷，厕也。从口，象豕在口中也。会意。"段玉裁注："人厕或曰图，俗作'溷'，或曰'清'，俗作'圊'，或曰'轩'，皆见《释名》。"杨树达《积微居小学金石论丛》言："古人豕牢本兼厕清之用。"圊又作清，与溷同义，且多"圊溷"并称。《急就篇》："厕、清、溷。"颜师古注《汉书》："清，言其处特异余所，常当加洁清也……厕、清、溷其实一耳。"

文献史料载籍中，早在先秦时代已有了较正规的厕所。《仪礼》曰："隶人涅厕，"盖名见于周初。《周礼·天官·宫人》记："宫人，掌王之六寝之修，为其井匽，除其不蠲，去其恶臭。"意思是宫人专门负责给周王打扫房间卫生，建厕所，清除不洁之物，消除臭气。所谓"匽"，就是厕所，又称"偃"。春秋战国时期厕所在人们生活中已经相当普及，不仅宫廷、官府、吏舍有之，就连城墙上也定点专设，以备所需。而且，厕所在使用上已有一套选址和建筑标准。《墨子·旗帜》中亦记："于道之外为屏，三十步而为之圜，高丈。为民溷，垣高十二尺以上。"即公共厕所设置要在道外设屏，所谓"屏"，就是围墙作厕，以 30 步为周长，一般要垣高 12 尺以上，划定一定的区域、布以围屏遮羞，既达到为人方便的目的，又保持了环境的清洁卫生，让粪便得到统一处理，这种形式也成为后世厕所样式的滥觞。《三国志·蜀志·诸葛亮传评》裴松之注引《袁子》："所至营垒、井灶、圊溷、藩篱、障塞，皆应绳墨。"战场的营垒，也得配上厕所。由于厕所的发展，如

厕行为还被纳入礼仪规范，据《艺文类聚》卷八引周景式《孝子传》曰："管宁避地辽东，经海遇风，船人危惧，皆叩头悔过，宁思愆，念向曾如厕不冠，即便稽首，风亦寻静。"管宁忏悔自己的过错，只因如厕时衣衫不整，有失礼仪。

《太平广记》卷八《刘安》条记述："刘安成仙，遇仙伯，坐起不恭，语声高亮。于是仙伯的主者奏刘安不敬，应斥遣去，让刘安'谪守都厕三年。'"这虽是神话，但由此可见汉代的城市公共厕所已有专人管理。清代就已经有按等级收费的厕所，乾隆年间朝鲜使者洪大容所著《湛轩燕记》记："道旁处处为净厕，或涂丹雘，壁间彩画多淫戏状。前置红漆木几，遍插黄片纸为厕筹用。或树竿悬招帘，题'洁净茅房'字。要出恭者，必施铜钱一文，主其厕者既收铜钱之用，又有粪田之利，华人作事之巧密，皆此类也。"同是乾隆年间朝鲜人金士龙在其所著《燕行日记》中也有一段记录北京琉璃厂收费厕所的文字："琉璃厂有溷厕十余间，厕中置净几，几上爇芙蓉香，其四壁贴春和图，使人登厕，则其价必收三文。"

现代考古已发现不少较完整的汉代厕所遗迹，考古留存的厕所遗踪主要在墓葬中。一是在墓的一隅建一仿真的溷厕，如河南芒砀山的汉梁孝王墓、徐州驮蓝山西汉楚王墓的后室均建有仿真的单独厕屋。徐州驮蓝山楚王后墓出土一具保存完整的石厕（图 10-1），原设在长约一米余，宽约半米的矮台上，长方形的厕坑，利用山岩裂隙作出象征性的排泄道，厕坑两边有踏石，背后一方石板，右侧为扶栏，扶栏前边用作支撑的竖板顶端凸出一个光滑的圆榫而成为握柄。再是汉代盛行厚葬之风，多有大量陶制明器随葬，溷厕模型是其中的一种，如河南南阳东汉墓出土的灰陶厕、河南淅川博物馆征集的绿釉陶厕、六

图 10-1 石厕 徐州驮篮山楚王后墓出土
（引自《终朝采蓝：古名物寻微（扬之水）》）

安寿县博物馆所藏的绿釉陶厕（图 10-2）皆为溷厕合一的明器。《玉篇》：“圂，豕所居也。”汉时把猪圈也叫“溷”，所以溷厕合一是汉代厕所的主要特点。

杨之水在《终朝采蓝》一书描述：“厕所多半是在猪圈上边起一个小小的平台，平台上另起小屋，里边设便坑，外有台阶以便上下，台阶一侧的短墙或开有小门与猪圈相通。小屋或一或二，前者男女合用，后者两个小屋每每各踞平台一角，使男女分开，这几种类型的溷厕在两汉建筑明器中都很常见。”（图 10-3）关于溷厕合一的相关论述见本书第 15 章。在建筑墓室的画像石上，如山东沂南画像石墓的中室和后室中的两处，都画有单独的厕屋，其一是中室南壁的传舍图（参第 24 章图 24-1），溷厕设在传舍庭院后墙之外，有栏，有窗，这些都是很规整的独立溷厕设施了。另外，在北周时期莫高窟人字披上的一幅佛传故事壁画中，为了表现佛的诞生而使污秽之地变香，画工选择了秽心之最的溷厕。《玉篇》云：“厕，侧也。”“厕”是侧房，多建在住房的偏僻之角，故厕所是引申的雅称。且因风水之说，多建在北房东侧，故而厕所另有一个特别称谓叫“东”或“东司”，上厕所叫“登东”。《京本通俗小说 • 拗相公》：“荆公见屋傍有个坑厕，讨一张毛纸，走去登东。”（图 10-4）

图 10-2　绿釉陶厕

（现藏于六安寿县博物馆）

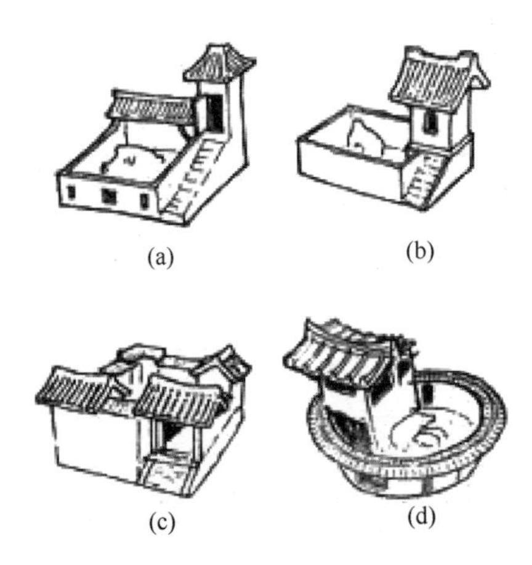

图 10-3　汉代居住建筑之厕所及猪圈明器

（引自刘叙杰《中国古代建筑史》第一卷）

围绕厕所也曾发生过众多的政治、历史事件。《左传·成公十年传》记："将食（晋侯），张（胀肚），如厕，陷而卒。"可知春秋时期厕所非常简陋，以至晋景公如厕溺亡。《史记·范雎蔡泽列传》载，范雎被齐人"折胁摺齿雎详死，即卷以箦，置厕中。宾客饮者醉，更溺雎，故僇辱以惩后，令无妄言者。"《史记·李斯列传》记载，李斯为乡小吏时，"见吏舍厕中，鼠食不洁，近人犬，数惊恐之……"《史记·酷吏列传》："郅都侍上，贾姬如厕，有野彘入厕，上目都击之，都不往，上欲行，都伏谏曰：一姬死复一姬进，上虽自轻，奈太后宗庙何？太后闻之，赐都金。"汉景帝宠姬陪侍上林苑，如厕之际，有野猪一头撞去，由此可知秦汉时期民间和皇家园林中的厕所同样简陋。汉代后期的厕屋，设计建设日趋讲究，《后汉书·李膺列传》云："时宛陵大姓羊元群罢北海郡，臧罪狼藉，郡舍溷轩有奇巧，乃载之以归。"李贤注："溷轩，厕屋。"此人贪赃枉法，甚至连"奇巧的郡舍溷轩"都带回家，想必定是巧夺天工了。

图 10-4 ［清］罗聘《野路登东图》

（上海中国画院藏）

到了魏晋时，厕所的设施也日趋完善，曾出现一些富丽奢华的厕所。石崇为西晋富豪，其宅规格自不用说，连厕所建得比常人卧室还要美观，而且如厕后不但熏香，还要更衣。《语林》："石崇厕，常有十余婢侍列，皆丽服藻饰，置甲煎粉、沉香汁之属，无不毕备。又与新衣箸令出，客多羞不能如厕。王敦为将军，年少，往脱故衣着新衣，气色傲然。群婢谓曰：‘此客必能作贼’。”就是这位傲气十足的王大将军，自以为无所不知，结果闹出大笑话：“初尚主如厕，见漆箱中盛干枣，本以塞鼻，王谓厕上亦下果，食遂至尽。既还，婢擎金澡盘盛水，琉璃碗盛澡豆，因倒著水中而饮之，谓之‘干饭’，群婢莫不掩口而笑之。”刘孝标引《语林》对石崇厕所还有更精彩的描写：“晋太尉刘寔诣石崇，如厕，见有绛纱帐大床，茵蓐甚丽，两婢持锦香囊，寔遽反走，即谓崇曰：‘乃误入卿室内。’崇曰：‘是厕耳。’寔曰：‘贫士未尝得如此。’便如他厕。”当时的厕所如此奢华，令当世名士望而却步。

大约 12 世纪中叶南宋时期，中日禅僧交往密切，禅学在日本甚为繁荣，日本僧人模写的中国禅宗五山十刹，其禅门清规、生活起居制度、诗偈、语录等，日本僧人模写得十分细腻、真实，为南宋若干著名禅寺的实录。张十庆著的《五山十刹与南宋江南禅寺》对它作了专门研究，“南宋称禅林厕屋为东司，它一般由净厕亦即大便所、小遗所，又净架亦即洗净所组成，比如镇江金山寺东司。依五山十刹图图例可知，其面阔九间，进深四间，山面为正面入口，图上方处为净厕，沿壁设一排便槽，皆分隔成小间，每间前各置一香炉。图下方右面为小遗处，左面为净架，净架上备有灰、土、澡豆三种洗净料；中央处为净竿，用以挂手巾等。净竿下设有焙炉，以烘干手巾。图左端头设有镬及火头寮小间，以供汤水。”（图 10-5）陈骙《南宋馆阁录》记载南宋官署中的溷厕，与禅院中布局相仿，“国史日历所在道山堂之东，北一间为澡圊过道”，注文进一步说明：“内设澡室并手巾、水盆，后为圊。仪鸾司掌洒扫，厕板不得濊污，净纸不得狼藉，水盆不得停滓，手巾不得积垢，平地不得湿烂。”有禅寺中的东司图作参照，这里叙述的情形也依稀可见了。

古代溷厕的卫生设施简陋，但奢豪喜欢清洁者想出若干奇特的除秽去臭之法，如刘季和如厕后，用熏香去臭，《艺文类聚》卷七十：“刘季和性爱香，尝上厕还，过香炉上。”顾元庆《云林遗事》记：“溷厕以高楼为之，下设木格，中实鹅毛，凡便下，则鹅毛起覆之，一童子俟其旁，辄易去，不闻

有秽气也。”又宋诩《宋氏家要部·圊湢》：“圊、湢二室不可共作一所。圊室须宜高爽，使臭气无闻，下积粪秽可以壅物。”这些都是以香抵臭之法，《史记·张释之冯唐烈传》引韦昭说：“高岸夹水为厕”，是说凡两夹之间曰厕，溷厕其一名也。“高岸夹水”其意境倒是很符合厕所的基本功能、形制，其除秽之法似乎更有成效。

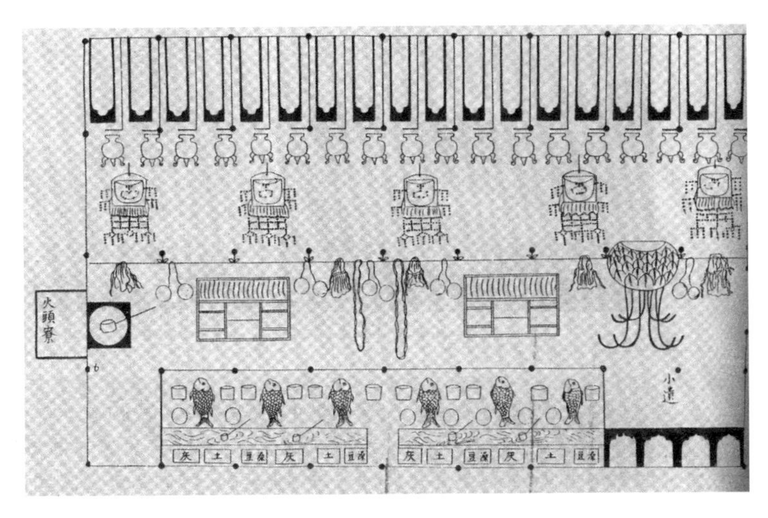

图 10-5　金山寺东司

（引自张十庆《五山十刹图与南宋江南禅寺》）

古代史家、文人对溷厕的描绘多语焉不详，但有意思的是在片言的戏语中也透露出几分“雅趣”，关于溷厕的典故多令人启颜，董弅《闲燕常谈》中说，“欧阳文忠公谓谢希深曰：吾平生作文章多在三上——马上、枕上、厕上也。盖唯此可以属思耳。”欧阳公作文构思，连上厕所的机会都不会放过。祝穆《古今事文类聚·登溷诗》引《倦游杂录》云：“程师孟知洪州，于府中作静堂，自爱之，无日不到。作诗题于石曰：‘每日更忙须一到，夜深长是点灯来。’李元规见而笑曰：‘此乃是登溷之诗。’”朝鲜文坛妙才朴齐家的《贞蕤集》中亦有一首《厕上》诗：“墙头日上花影短，墙根泼泼玄蚁散。土解石洞虫子出，弄腹伸股皆蠢蠢。春山绿碧春无涯，天际孤云亦一时。忽忽东风来去中，但看芽草日参差。”冯梦龙《如厕谑》又记：“彭彦实一日往文渊阁东如厕，值少保陈方洲公亦来，却立。公疾行而过，笑曰：‘以缓急为序。’他日公如厕，周赞善尧佐先在内。公戏曰：‘人生何处不相逢。’”《东坡志林》：“柳永词云‘今宵酒醒何处？杨柳岸晓风残月’，或以为佳句，东坡笑曰：此稍工登溷处耳。”

11 丰膳出中厨

《帝王世纪》曰："太昊制嫁娶之礼，取牺牲以供庖厨，此厨之始。"《说文解字》释之："厨，庖屋也。"《苍颉篇》释之："厨主食者也。"有关厨房的记载还有《孟子·梁惠王上》曰："是以君子远庖厨也。"诗人王健《新嫁娘》中有"三日入厨下，洗手作羹汤"的诗句。

早在先秦时期，《墨子·辞过》《韩非子·六反》等文献中就有关于"美食"的记载，而美食的加工地点就是"厨房"。厨房的存在及发展在古代有着悠久的历史，关于厨房的起源时间，据考古发现在河北藁城台西商代遗址中发现半地下室房屋的遗存，从遗址平面看，作为炊煮主要设施的灶仍然在起居室中，由此推测厨房与起居空间是融合在一起的，厨房尚未成为一个独立的空间。到秦汉为止，房屋建筑水平取得了显著进步，建筑房屋和庭院组合的发展已相当成熟，烹饪食物的方式也逐渐增多。作为炊煮和烹饪的场所完全有条件从居室中分离开来，成为独立的操作空间，专门从事烹饪和储藏食物。或许厨房的基本格局在此之前已经形成，但在汉代才开始普及。灶、水井、各种炊器等厨房设施基本完善和齐全，厨房格局基本形成。

汉代对厨房的叫法不一，《汉书·贾谊传》云："故远庖厨，所以长恩且明有仁也。"推断其为"庖厨"；《文选》卷二十四引曹植《赠丁翼》有："丰膳出中厨"，又可称为"中厨"；汉杂曲歌辞《古诗》有："东厨具肴膳，椎中烹猪羊。"谓其"东厨"，因此，厨、庖屋、庖厨、中厨、东厨等都可以代指厨房。

通过考古发掘和历史文献记载，厨房的位置一般位于前堂或者前堂的东侧，厨房位于东面是汉代一般居民宅院的模式。这里的"东"只是相对于院落中的居室、厅、堂所在"西"的对应方位，据说这与对灶神的崇拜风俗有关。如广东省佛山市郊澜石出土的东汉时期的泥质红色三合院式陶屋模型，陶屋的平面由前堂和两侧的后室构成凹字形，后屋之间有天井。堂前伫立一俑举着筛子在筛粮食，另一蹲一坐两个俑在合作宰羊，中间一坐俑在舂米。由俑的动作和活动，推测前堂应为厨房，和林格尔出土的东汉墓室壁画的厨房位置也位于东面。《仪礼·公食大夫礼》里多次提到烹饪的地点在“东房”，曹植在《当来日大难》中也有：“乃置玉樽办东厨。”在楼房建筑中，厨房一般设置在一层。

嘉祥宋山画像石上的庖厨图（参第 12 章图 12-2）展示了厨房的内部格局和设施，鱼肉和肘肉悬吊在屋内的房梁上，左边的灶上有釜和甑，旁边的几案摆放食具，一人蹲坐在灶门前，手拿柴火准备添柴；另有一人站在盆前，推测在清洗食物；还有一人好像在井边打水。这样把厨房位置安排在一层且靠近水井旁边，主要是为了炊煮的方便。山东省临沂市博物馆藏庖厨图画面内容类似，厨房的面积似乎更大，装修更为豪华（图 11-1）。有的多层画像砖中的厨房还有其他的功能，江苏徐州铜山县檀山集出土的庖厨画像砖，是一个三层的楼房建筑（图 11-2），顶层刻画的内容似在奏乐演出，中间一层好像是传送食物，底层为厨房炊煮。从刻画的厨房布置看，左上方架子上挂有食物；左下方为高台大灶，一人在灶前烧火，一人站在灶的旁边，似在查看灶上的釜和甑；画面中间有人在切菜，有人在淘洗。整个画面构成了一幅完整的烹饪炊煮图。

图 11-1　山东省临沂市博物馆藏 庖厨图

（引自李国新《汉画像砖精品赏析》）

从相关文献记载及出土文物研究，汉代厨房的布局一般以灶为中心，水

井也显得尤为重要。其他还有放置食物、食具的几案和橱，切菜的刀俎等组成炊煮烹饪空间。关于厨房的面积，历史文献记载很少，很难从其中找到确切的答案。王充在《论衡·感虚篇》中概括为："倚一尺冰，置庖厨中，终夜不能寒也。何则？微小之感不能动大巨也。"专家根据考古发现的汉代住宅模型，据比例关系，其面积经推测一般的民宅厨房在 8 平方米左右，且设置一间房间。而贵族皇室的厨房面积会超出许多，房间也在两间或两间以上，内部十分开阔。在山东临河白庄山出土的画像砖中，庖厨场面为二间，一间为炊煮，内有灶，灶上置甑和釜；另一间为储存食物的地方，房内悬挂储存各种肉类食物（图 11-3）。

图11-2　苏铜山檀山集收集的庖厨宴饮画像石（引自张道一《画像石鉴赏》）

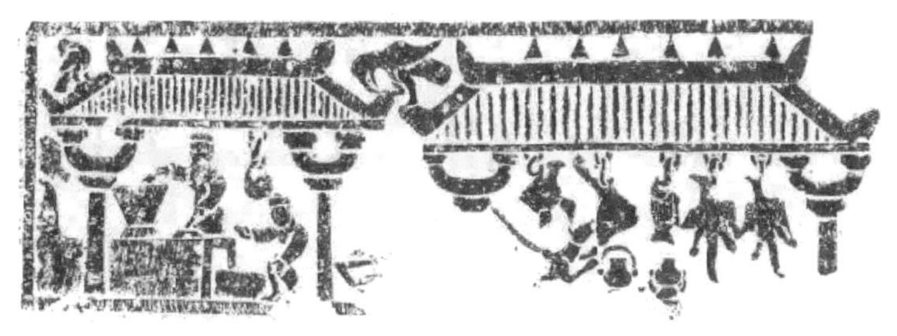

图 11-3　山东白庄出土的汉代画像石庖厨图

（引自山东省博物馆山东省文物考古研究所《山东汉画像石全集》）

据文献记载，古代饮食习俗有良好的一面，汉代饮食是分食的。汉代先民习惯于席地而坐，然后凭俎案而食，人各一份。《汉书·石奋传》记载：汉文帝时大臣石奋，对子孙要求很严格，子孙有了过失，则"对案不食"，改过后才可以进食，这是对案进餐。从图 11-4 汉画像石的庖厨图上看到的二层建筑，下层是厨房，二楼是专门用于进食的餐厅，几案整齐排列，可以看到那时已有了厨餐分离的功能布置。汉代的人们重视饮食与烹饪，厨房和厨事活动是其发展的结果与产物。单独的厨房空间可能在秦汉以前就已经出现和形成，但经过汉代的发展才趋于成熟。厨房空间、炊煮设施、厨事活动在汉代得以全面和完整的呈现，奠定了中国传统厨房的基本形态、结构布局以及厨事观念，对后世饮食、烹饪炊煮和思想观念等方面产生了深远和重大的影响。以后的厨房格局基本沿袭了汉代，发展到清代，总体的结构布局没有大的改变和调整，整体的结构也保持不变，但是在灶的形制、厨房常用用具的摆设、橱、水井和厨房的位置等方面有一定的发展，水井已变成了储水用的水缸。明清时期中国传统厨房由于没有完整的遗址传世，因此了解和研究当时的厨房格局有一定的困难，但是仍然可以通过反映当时社会风情和面貌的文学作品、画作进行大致了解。

图 11-4　汉画像石中的庖厨

（引自王洪震《汉代往事：汉画像石上的史诗》）

根据吴友如先生所绘制的《古今谈丛二百图》中的清代厨房（图 11-5）可以看出，此期的厨房格局基本奠定了近代厨房的基础。在普通居民住宅中，厨房内的设施一般有高台大灶、水缸或水桶、橱、挂钩、烹饪操作的案等。灶台大多为椭圆形，三个火眼，其上置锅、蒸笼等。此期的灶已经有了烟箱、焦心洞、烟尘板、与房屋融为一体的烟囱以及用来祭灶的神龛，焦心洞内盛放调味料、碗碟等烹饪时常用的调料和餐具。在灶靠近墙壁的地方，摆放方形木橱，底部有四条方足支撑，橱内有二至三层，用来盛放食物、碗碟餐具。由于橱门为条形栅栏，具有通风透气的功能，保证了食物的卫生和餐具的干燥。在厨房内靠近窗户的房梁上会有铁钩，用来悬挂鱼、猪肉、鸡和鸭等肉类食物或者盛放食物的篮子。另外，厨房还会摆设一张桌子用来盛放常用的物品，如案、罐、盆等。可以看出厨房的面积较大，设施齐全，除

烹饪、储藏空间外，还有较大活动及就餐空间。

近代颜文樑先生 1920 年所绘的油画作品《厨房》也可折射出当时厨房的基本场景（图 11-6）。《厨房》绘于中国的清末民初，画作反映了中国处在社会文化转型发展阶段的特征，代表了那个时代中国传统厨房的布局和结构。颜文樑曾经对这幅作品这样表述："以写实法为之，意在重现典型中国旧式厨房全景，求形象之逼真，色彩之调和，而于光影之向背明暗，尤三致意焉。"由此可以看出，这幅画作者采用了写实的手法来表现当时厨房的场景，因此而成为研究当时厨房发展情况的参考资料。《厨房》作品中厨房的格局布置与吴友如所绘的基本一致，除了作品本身所呈现出来的厨房内部摆设外，还可以看出中国当时普通居民的风俗习惯和社会面貌。作品中的两个孩童一个趴在案上似乎在睡觉，一个坐在地上玩耍，他们的活动行为反映出厨房不仅仅是炊煮烹饪的地方，还是家人就餐、生活、休息和娱乐的场所。正如赵丙祥在《居民习俗》中所描述的："厨房不仅是由于灶和火塘是煮饭做菜的，旧时期一家人都在厨房里吃饭，那么厨房自然成了全家人聚集的地方。"

图 11-5　小窃贪杯

（引自吴友如《古今谈丛二百图》）

图 11-6　油画厨房

（引自颜文樑油画《厨房》）

12　炎帝作火，死而为灶

《孟子·告子》曰："食、色，性也"，而以食为先。"民以食为天"，而这个天，则非灶而无以成。《释名·释宫室》云："灶，造也，创造食物也。"《白虎通·五祀》谓："灶者，火之主。人所以自养也。"《汉书·五行志》谓："灶者，生养之本也。"在古人心目中，灶的重要性是不言而喻的，而且把灶的发明归功炎黄二帝或帝颛顼。《管子·轻重戊》："黄帝作，钻燧生火，以熟荤臊，民食之，无兹胃之病，而天下化之。"

古代的灶多用砖、石等砌成，供烹煮食物、烧水的设备使用。灶在几千年的生活中起到了非同一般的作用，当人们开始学会用火，灶的基本功能就已经具备了。"灶，造也，创造食物也。"这就是说"灶"能给人们提供食物的加工方法，结束了人类"茹毛饮血"自然饮食的状态，延续人类数千年的饮食文化。1974 年湖南长沙市阿弥岭出土的滑石灶，在灶屋侧壁方形孔的活动滑造板上就刻有"造"字，充分印证了灶具的造食功能。

大约一万年前，先民由采集狩猎转向农业种植生活，逐渐使用起灶具。考古发现证明，旧石器时期早期的周口店北京人洞穴遗址中，已见到用石头围成的"灶"，新石器时代中期的大地湾文化遗址中见到了在住所的中间凹下地面的互通式圆形灶坑，也称为"火塘"，其形态已构成汉代长方形连眼灶的雏形。在整个新石器时期里，我们祖先更普遍采用的方式，则是在自己居住的半地穴式草房里，挖一个灶坑把陶釜架在上面做饭，这种灶坑架陶釜的方式，其热能利用效率明显提高，可以视其为釜和灶配合使用的祖型，说明掘地成灶的灶坑为最早的地灶形式，也符合《说文解字》中"灶，炊穴也"的描述。在距今 8000 年左右的磁山文化遗址里，出土有用三个鞋形支脚支架夹砂红陶筒形釜的遗存（图 12-1）。在距今 7000 年左右的浙江余姚河姆渡文化遗址里，出土有簸箕形的灰陶灶和架在上边的灰陶釜以及上边的灰

陶甑。2002年国家文物局发布的《首批禁止出国（境）展览文物目录》，此河姆渡出土“陶灶”以其独特的历史价值，名列其中，成为首批禁止出国（境）展览文物之一。到了距今5000～4000年左右的龙山文化时期，釜和灶连为一体的灰陶灶则获得了较为普遍的使用。

图12-1 磁山文化陶三足钵、盂和支架

（引自杨泓《美术考古半世纪》）

春秋战国时期盛行列鼎而食的青铜礼器，春秋战国出土的灶具相对较少，而秦汉时期出土了大量的灶具。到了秦汉时期，绝大多数炊具必须与灶相结合才能进行烹饪活动，灶因此成为烹饪活动的中心。这一时期出土的汉代画像石和大量的灶具明器，都描绘出当时灶具的使用场景。如徐州出土的一幅汉画像石《庖厨宴饮》图，表现了王公贵族的饮食生活，画面中有掌灶者、烧火者、切菜者、端盘者、汲水者，还有一人在洗涮，图中清楚可见使用的灶具，前面是火门，用于添柴，后上方有烟道。从汉画像石的“庖厨”图可见，当时的灶具还没有用风箱，为了引燃或鼓风，人工用吹火筒吹火（图12-2）。古代的灶具不仅用于烹饪，也用于制酒或熬盐。

图12-2 嘉祥宋山画像石上的庖厨图

（引自金维诺《中国墓室壁画全集》）

图 12-3　山东诸城前凉台汉墓出土的画像石庖厨图
（引自河北省文物研究所编著《穿越千年 走进考古》）

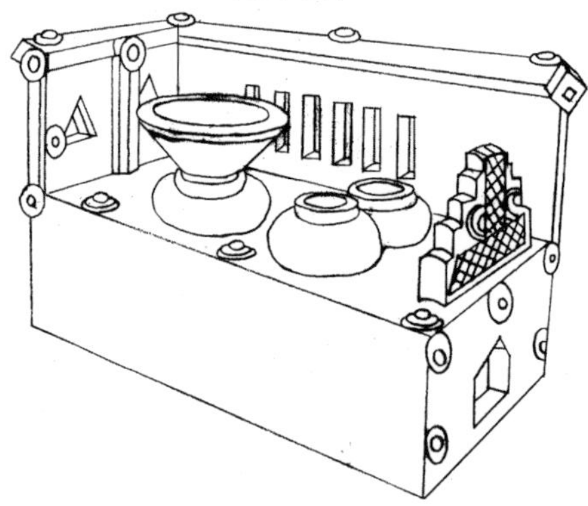

图 12-4　北京市平谷县汉墓中出土的陶灶
（引自刘叙杰《中国古代建筑史》第一卷）

山东诸城前凉台汉墓出土的多块画像石，所描绘的生活图像非常丰富，其中的庖厨图像由一组一组的小图像平面排列，穿插而成，画面中多达 42 个厨夫、仆人。从画像局部看，蒸酒用到灶具，灶台上是蒸煮谷米用的器皿，灶台后面的烟道冒着烟，灶台右边有两个大缸（图 12-3）。由于中国古代“视死如事生”的丧葬观，灶具常常作为实用器具被仿制带入冥府而使用。出土的明器材质丰富，形制多样，品种繁多，虽然比例缩小，仍能准确地反映出灶具的形制。而且这时的灶具、灶台科学合理，灶台多为方形，上面开圆口，前有火门，已广泛使用曲尺形烟囱，灶膛空间增大，灶具开始使用围屏（图 12-4），尤其是排烟的烟囱由简单的垂直向上改为烟道先横向深曲通火，然后才向上排烟的方式，以充分利用炉火的热功能。故而将这一时期归纳为中国古代灶具的定型期，这些明器大多都生动地表现了当时真实的生活场景，有些灶具已经具备了近现代灶具的主要特征。

而在三国、两晋、南北朝、隋唐时期，是灶具的发展时期。灶具挡火墙的高度有了较大的提升，已出现了火钳和息薪炭罐的使用，将未烧尽的柴火放进罐内熄灭，留待下次燃烧，或用于烤火取暖，既提高了人们生活的安全性，又节约了能源。宋元明清时期出土的灶具不多，这一时期是中国古代灶具设计的完善期，主要具备以下几个特征：灶具开有多个灶门；蒸笼、铁锅等普及使用；风箱的发明与创造，采用多层蒸笼蒸制食品，提高了效率，节约了时间（图 12-5）。风箱的发明和创造已到了明代，风箱一词早见于明崇祯十年（1637 年），宋应星著的《天工开物》第八卷冶铸图谱上（图 12-6），已经出现了活塞式风箱，宋应星的解说中就称它为“风箱”，风箱是使燃烧物充分燃烧的工具，是压缩空气而产生气流的装置，常见的一种由木箱、活塞、活门构成。这种木风箱一般是长方形的，箱内装有一个大活塞，叫作“鞴”，鞴上装有露在箱外可以推拉的拉手，不论把鞴推或拉，通过活门的调节都可以把空气不断压送到火塘中去，起连续鼓风的作用，使灶火旺盛。宋代注重饮食文化，厨房设备在宋代进步很大，如宋代的撩炉，外镶木架，下安轮子，可以自由

图 12-5　山西屯留宋村金代壁画墓中的蒸笼
（朱晓芳、杨林中、王进先、
李永杰、山西屯留宋村金代壁画
《文物》2008.3，第 59 页。）

图 12-6　风箱
（引自宋应星《天工开物》）

移动，炉门拔火拔风，不用人力吹火，火力很旺，还易于控制火候。

灶具作为以实用功能为主的生活器具，其功能不断发展是伴随着人们的居住环境、食物种类、饮食习惯、烹饪方式的变化而逐步改进的，物质生活资料的丰富，就会对灶物提出新的要求。20 世纪 30 年代，美国学者鲁道夫·P·霍梅尔在中国进行调查，在他所撰的《手艺中国》中有一节“厨房炉灶”，他描述道：“炉灶基本上呈方形，由四面砖墙砌成，大约 4 英尺高，上面放有铸铁的大锅。开有火门的墙壁要高几尺，作为一面防护墙，挡住从炉膛里来的烟灰。做饭时通常是两个人忙活，一个人站在台前，脸朝着锅灶，做饭炒菜。另一个人坐在火门前，脸朝着防护墙，往炉灶里添柴续火。”从文中可见，除了防护墙，炉灶形制竟然与汉代的差不多。柴草灶具的发明和使用有其进步意义，然而由于中国古代科技发展缓慢，柴草灶具基本不变，一直沿用后世。

据杨哲先生《灶神考》讲，在保护家庭的诸神当中，最贵重体面的便是灶神。在诸多的观念与信仰的影响中，灶神崇拜是人们最为熟知的一种信仰，灶神是旧时传统民居厨房中的重要设置，灶神是供于灶台上的神，也称灶王、灶君、灶王爷、灶公灶母、东厨司命等，是传说中的司饮食之神，能掌管一家祸福。《淮南子·氾论篇》曰：“炎帝作火，死而为灶。”高诱注：“炎帝神农，以火德王天下，死托祀于灶神。”认为灶神是炎帝死后的神灵形态；《事物原会》：“黄帝作灶，死为灶神。”认为灶神是黄帝的神灵而非炎帝；《周礼》：“颛顼氏有子曰黎，为祝融，祀以为灶神。”即认为灶神是颛顼的儿子，名黎。汉代，灶神又被方士方术利用，《封禅书》《郊祀志》都记录了方士李少君说祭灶可见蓬莱仙人之说以及方士少翁用方术使汉武帝看见已死的夫人及灶鬼等故事；《后汉书》也记载了一名叫阴子方的人，积善好施，一次祀灶神时遇灶神现身，从此阴家世代繁昌；《史记·封禅书》载“祠灶、谷道，却老之方……于是天子始亲祠灶”，可知汉以来祭灶一直是道教神仙方术的一项重要宗教活动。晋代葛洪《抱朴子》曰“月晦之夜，灶神亦上天白人罪状，大者夺纪，纪者三百也；小者夺算，算者三日也。”南朝时，据《隋书·经籍志》记载，梁简文帝曾撰《灶经》十四卷。段成式《酉阳杂

俎·前集》曰“灶神名隗，状如美女，又姓张名单，字子郭，夫人字卿忌，有六女皆名察洽。”

中国古代的阳宅风水理论中有阳宅三要素和阳宅六事的说法，前者以户、门、灶为住宅的主要素，后者以门、灶、井、路、厕、碓磨为住宅的主要构成。可见灶与灶神在人们心目中占据着重要位置，故人死后也要将灶带入冥府祭祀和使用，这就是墓葬中常见户、灶、井、厕、碓磨等冥器出土的主要原因之一。在民间民俗中砌灶也有着浓厚的风格，比如要择日期、占时辰，按五行学说定方位才能动土砌灶。据《礼记》中记载，王为百姓立七祀：“财土井厕灶门床”，其中就有灶神。灶神所管辖的范围，最初只是居处出入饮食，后来权力逐渐扩大，统管一家人的寿夭福祸。古时候，上至王侯，下至庶民，家家户户无不供奉。到了近代和现代，灶王爷也仍然是民间供奉最普遍的神，一些农家至今在灶神两侧贴上“上天言好事，下界保平安”的大红对联，以祈灶君上天后在玉帝面前美言一番，下界仍还请保一家平安。灶神在民间是很有群众基础的，灶神在民间影响根深蒂固。至清朝时，灶神的功能更是不断扩大，清宣统年间重镌的一份《灶王府君真经》诵道：

“灶王爷司东厨一家之主，一家人凡作事见得分明。

……

读书人敬灶君魁名高中，种地人敬灶君五谷丰登。

手艺人敬灶君熟能生巧，生意人敬灶君生意兴隆。

在家人敬灶君身体康泰，出家人敬灶君到处安宁。

老年人敬灶君眼明脚快，少年人敬灶君神气清明。

……

只要你存好心善行方便，我与你一件件转奏天庭。

……

有病的保管你病愈全好，求寿的保管你年登九旬。

求儿的保管你门生贵子，求妻的保管你天降美人。

见玉帝我与你多添好话，祷必灵求必应凡事遂心。”

这位居家小神，神通广大，能帮世人实现各种梦想，其原因不外乎他是天帝的使者，可代人转奏天庭，言善恶，降福祸。灶神是“受一家香火，保一家康泰，察一家善恶，奏一家功过”的家庭监察神，他还为所在家庭驱赶或纠察鬼魅，使不为所害（图 12-7）。

图 12-7　灶王

（引自《中国美术全集》）

13 穿地取水，谓之为井

开凿水井，是我国古代劳动人民的伟大发明之一。水井从新石器时代以来就一直是古代人民生产生活的重要组成部分，可为先民提供农业灌溉和生活用水。因为有了可靠水源，在一定程度上摆脱了对于依河流而居的依赖，先民便有了离开河流居住的条件，可定居在较安全的地带，从而扩大了人类居住和生产的领域，拓展了人类的活动范围和生存空间，才可以在一个地方稳定地生活，繁衍生息。

在公元前十六世纪前后的甲骨文中，就已出现“井”字，甲骨文的字形像框子形的井口，用以表示水井。金文在中间加了一点，表示井中有水。《释名》曰“井，清也，泉之清洁者也。”明代著名科学家徐光启《农政全书》中曾专门论井：“井，深穴出水也。”《周易·井卦》：“改邑不改井。”孔颖达疏：“古者穿地取水，以瓶引汲，谓之为井。”水是生命的源泉，但井不仅仅是提供水源，在传统建筑文化中，井已演变为一个与“居住”密切相关的文化符号与意象。

实际上井的历史比“井”字的历史要悠久很多。“日出而作，日入而息，凿井而饮，耕田而食。帝力于我何有哉？”这是我国极早的一首歌谣——《王壤歌》。可见我们的祖先早已知道凿井，开采和利用地下水了。据史书记载，远在黄帝时代就已经有井了，因此有“黄帝使八家为井，井分四道，而分八宅，灌溉之事于以起”的说法。史书中还记载：“黄帝见百物，始穿井。”亦有“伯益作井”（《吕氏春秋·务躬篇》），或“伯益作井而龙登玄云，神栖昆仑”（《淮南子·本经训》）的说法。长期以来因缺乏对当时水井情况的详细记载，更未有可靠的实物证据，这些记载只能作为传说而存疑。那么“黄帝穿井”“伯益作井”是纯属神话传说，还是更接近于历史真实？之所以认为这些记载比较可信，是因为伯益和禹是同时代的人物化身，一起治水，而凿井技术的发明，正是大禹治水的“极伟大的副产品”。近年来先后在长江流域和新石器时代遗址中，均发现原始木构井或土井的遗址，成为这些文献资料的佐证，并为水井的起源提供了实物资料证据。大禹治水距今大约四千年，而浙江余姚河姆渡遗址距今已有六千年的历史。

目前国内发现最早的水井遗址是河姆渡遗址第2文化层的木结构井，该井是由200余根桩木、长圆木等组成的，分内外两部分。外围残存28根直径5厘米左右的桩木，组成一圈直径6米的圆形栅栏桩，栅栏桩内原为锅底形浅水坑，近中央是一个边长约2米的方形竖井，井深1.35米。竖井四壁有密集的桩木护围，用以加固井壁。从井沿四周遗留有一圈栅栏、苇席残片来看，当时可能盖有简易的井亭。该井年代据^{14}C测定并经树轮校正，距今约6000年（图13-1）。

图13-1　河姆渡遗址木结构井

（引自杨鸿勋《杨鸿勋建筑考古学论文集》）

“河姆渡遗址第2文化层发现的木构浅井，原先可能是一个天然或人工开挖的锅底形积水坑，在雨季水坑里积满了水，日常人们就在水坑边取水。随着旱季的到来，坑内水位逐渐降低，人们为了解决用水，不断在坑内垫石，到坑中取水。在大旱季节，有时坑内水源接近枯竭，就在原先的水坑中部挖一竖井。生动地展示了水井发明初期，是由积水坑演化发展而来的过程。”（黄渭金《诌议水井起源》华夏考古2000年第二期）在其他遗址中也有类似发现，表明古代先民能够因地制宜，充分利用生产实践中认识的地下水位高而丰富的有利条件，以获取清洁卫生的生活水源。

最原始的掘井方法是在挖井前先在井坑周边打出一个井字形的木墙框架，以支撑井壁压力，起到加固井口和井壁的作用。然后将框架内的泥土挖出到见水为止，为防止排桩向里倾倒，又在内壁形成一个方形的竖井。史前时期的水井有木构方形浅井、木筒浅井、圆形或椭圆形竖穴浅井、圆形木构

深井、圆形或椭圆形竖穴深井、方形木构深井等。随着青铜、铁工具的普遍使用，水井的开凿更加普遍，战国时期的多处考古发现，井身已演变成为上下相等的筒形，挖掘方法多采用一节一节的陶井圈套叠成筒状，将陶井圈放入井内，再从井圈内挖去沙土，井圈逐渐下沉，上面再套叠井圈。西汉时期除土井外，还有陶圈井和砖、木、陶圈混筑井等。西汉以后，由于砖的广泛使用，砖砌井身逐渐代替了其他形式，并且一直沿用到今天。

水井通常由井身、井口、井台、井盖、井栏、井亭、辘轳等组成。井口上的盖板谓之“井口石”，正中开有孔洞，用以汲水，井台边围筑有栏杆，谓之“井栏”，井栏之上置辘轳，辘轳轴上缠有绳索，端头系有水桶，摇动手柄可汲取井水。井亭则是为保护水井、庇护取水人而建（图 13-2）。其中，围在井口的井栏是井的直观象征。井栏初为木构，后多为石凿。井栏的出现本出于安全目的，但日益形态别具、竭尽工巧的精美石造井栏，却逐渐成为一道令人赏心悦目的独特风景。井栏（阑）亦称“井圈”，又有“韩”“井干”或“银床”等别名。段玉裁《说文解字注》：“韩，井上木栏也，其形四角或八角，又谓之银床。”汉乐府歌辞《淮南王篇》：“后园凿井银作床，金瓶素绠汲寒浆”；李白《长相思》：“络纬秋啼金井栏，微霜凄凄簟色寒”；杜甫《冬日洛城北谒玄元黄帝庙》：“风筝吹玉柱，露井冻银床”；上官仪《故北平公挽歌》：“寂寂琴台晚，秋阴入井干”，这些诗词中都有令人回味的井栏意象。井栏其形不仅有四角的、六角的、八角的，更有像鼓的、似龙的、如花的（图 13-3），等等。井栏上面斑驳的纹饰和铭刻以及边缘一道道

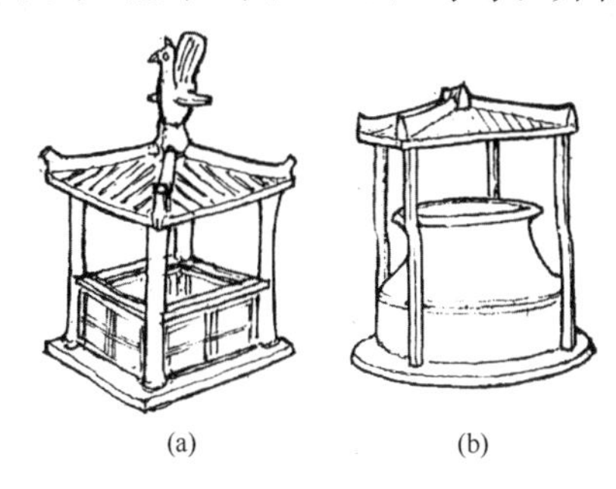

(a)　　(b)

图 13-2　汉代水井之井亭

（引自刘叙杰《中国古代建筑史》第一卷）

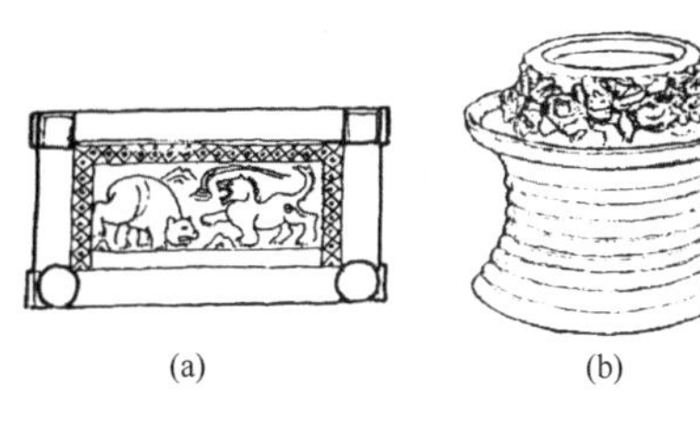

(a)　　(b)

图 13-3　汉代水井之井栏

深浅不一的绳槽，不仅记录下了岁月的遗痕，有的还是罕见的书艺留存（参陈鹤岁《文字中的中国建筑》）。

考古出土的陶制水井模型最早见于西汉，盛于东汉，唐以后基本消失。如广州西村西汉墓出土的井栏为一扁腹罐形，井台立四角柱支撑起四面坡篷盖。而汉代画像石及壁画和古代农书文献中的水井图集则表现的是井架上的汲水装置。

第一种方式是辘轳汲水。这种汲水装置，一般在井上竖立井架，上装可用手柄摇转的辘轳套于轴上，辘轳上固定并缠绕绳索，绳索一端系水桶。摇转手柄带动辘轳，使水桶上下起落以提取井水。《齐民要术》中提到“井别作桔槔、辘轳”，注曰“井深用辘轳，井浅用桔槔。”《广韵 • 入声》提到“辘轳，圆转木也。”《中国画像石全集》包含多幅所谓的“辘轳图”（图 13-4），据专家研究，这些辘轳图的样式一般都是井栏上立井架，架子的横木上有一个束腰形的装置，在束腰形的装置上并没有缠绕数圈绳索，而是一端在井下，一端在汲水人手中。专家由此推断汉代发现的所有与辘轳相关的汲水图，并不是手摇辘轳，而是一个类似滑轮的装置。宋应星的《天工开物》中还介绍了一种手摇辘轳，井口为六角形，井台铺以碎石散水，曲柄辘轳转角处为直角，水井置于大树下的稻田旁（图 13-5）。

图 13-4　安徽萧县出土汉画像石口《神兽、人物、庖厨》中辘轳形象（局部）（引自《中国画像石全集》）

另一种方式是桔槔汲水。桔槔最早见于战国的记载，《庄子 • 天地》：“自贡曰‘凿木为机，后重前轻，挈水若抽，数如泆汤，其名曰槔。’”在竖立的直木柱上还设计有一根细长的衡木，中间部分架于木架上作为支点，前段悬挂汲水桶，末端悬挂一个重物。这种从长期生产实践中完善的设计，改变了用力的方向，减轻了上下汲水所需要的力，

图 13-5　手摇辘轳图

（引自［明］宋应星《天工开物》）

图 13-6　桔槔汲水图

（引自［明］宋应星《天工开物》）

提高了劳动效率（图 13-6）。这种木质桔槔虽很难保留，但是可以从现存的汉代画像石中直观地了解其形制，其中，发现桔槔图最多的是山东地区，有山东宋山小石祠东壁第三层画像、1978 年嘉祥县满硐乡宋山出土的庖厨图（图 13-7）、1972 年山东省临沂市白庄出土的画像石等。

中国传统建筑因限于“木构”之未能耐久，故而难以经久传世。然而，作为建筑类别中一种特殊构筑物的水井却可“寿以千岁”。董楷《克斋集》云：“桥之寿不能三十，亭之寿以百岁计，井之寿以千岁计。”

全国各地遗存至今的古井很多，其中最为古老的大概要算河南禹县古钧台前的锁蛟井。禹县是古夏禹国都，相传大禹治水降服了兴风作浪的水怪蛟龙，并用铁链将其锁在深井。后人在井口筑台建亭，井口左侧至今还矗立一根石柱，柱身系有千钧铁链，一端下垂井底，据说是当年锁蛟用的。江西九江有灌婴井，初为西汉名将灌婴在此屯军时所凿，后被泥沙淤塞。三国时孙

图 13-7 山东嘉祥宋山出土汉画像石庖厨图像中桔槔（局部）（引自王洪震《汉代往事》）

权曾在此驻扎，发现井壁有“汉高祖六年颍阴侯开此井”的铭刻，权以为祥兆，便命人掘之，改称“瑞井”；又因此井濒临长江，井水与江潮相应，风袭时“长江起浪，井内扬波”，故又有“浪井”之称。李白《下浔阳城泛彭蠡寄黄判官》：“浪动灌婴井，浔阳江上风。”苏辙《浪井》：“江波浮阵云，岸壁立青铁；胡为井中泉，浪涌时惊发。”

安徽合肥古教弩台上的屋上井也很有名。“高高屋上井”是合肥一宝，它的奇妙之处是井水水位比地面水位高出许多，井口也高出附近平房的屋顶，故有“屋上井”之称。井上覆有六角小亭，拙朴的井栏边缘满布井绳长期摩擦的凹痕，井栏外侧有“晋秦始五年殿中司马夏侯胜造”铭刻，说明古井已有 1700 余年的稀世高龄。

也有不少古井因与历史名人结缘而闻名遐迩，湖北兴山王昭君故里有昭君井，嵌着楠木，传为当年王昭君的汲水之井，井旁立碑，上刻“楠木井”。江苏吴县东山传为“柳毅传书”的遗址有柳毅井，井边有明代大学士王鏊题刻的石碑。浙江诸暨有西施浣纱的西施井，四川成都有唐代名妓薛涛染制薛涛笺所用的薛涛井，另有些原本为人造福的古井，也曾联系着一幕幕人间悲剧。在中国历史上，最著名的当属胭脂井的故事。那是六朝的最后一个王朝——陈朝灭亡时，陈后主（陈叔宝）和他的张贵妃及孔贵嫔藏身的一口井，是口枯井。《陈书·后主张贵妃列传》：“后主张贵妃名丽华，兵家女也……及隋军陷台城，妃与后主俱入井，隋军出之。”民间称这口井为“胭脂井”，又称“辱井”，可见即使是皇帝的嫔妃们在亡国时也不得不将井作为最后的归宿，让人唏嘘不已。北京故宫有光绪皇帝宠妃屈死的珍妃井，八国联军侵占北京，慈禧太后带领皇室仓皇出逃时，令太监将珍妃推入井内淹死。

“井”除了作为水源使用之外，中国古代“市井”的形成和“井田制”，都和“井”有着必然的联系。

西周时实行井田制作为划分土地的方式，《孟子·滕文公上》中这样描述井田制：“方里而井，井九百亩，其中为公田。八家皆私百亩，同养公田。”井田制度对商周时期的中国社会产生了极其深远的影响，在井田制度的基础上，“死徙无出乡，乡田同井，出入相友，守望相助，疾病相扶持，则百姓亲睦”。因此，“水井”无疑对人们起到了一种客观上与精神上的内在聚合作用。

井田制作为一种土地划分制度，最关键的就是划分要公正，即田地的边界要公正。井田的得名是因为井田方方正正的形制像水井方矩形的井栏。《说文解字》释“井”为“八家一井，象构韩形”，由于井田的整齐划一性，后来人们就用“井井”“井井有条”“井然有序”“秩序井然”来形容有条理、有纪律、有秩序。

《史记·平淮书》：“山川园池市井租税之入……”，张守节在《史记正义》中说：“古人未有市，若朝聚井汲水，便将货物于井边货卖，故言市井也。”颜师古注《汉书》：“凡言市井者，市，交易之处；井，共汲之所，故总而言之也。”因为古代的先民都聚井而居，水井周围就成了公共的生活空间，形成了在水井边交易的商业活动，这类小市因井而成，旷地而聚，市罢而散，因此叫“市井”，“市井”一词便应运而生。《汉书·货殖传序》：“商相与语财利于市井。”《管子·小匡》也说：“处商必就市井。”市井是市场的雏形。古代中国一直重农抑商，从事商业活动的人社会地位极其低下。因此多称那些唯利是图庸俗的人为“市井小人”“市井之徒”“市井无赖”，一概持否定态度。

“水井”的诞生是农耕文明起源的标志之一，中国古代文人喜欢“水井”，起初显然是由于农耕文明的影响，“水井”作为家乡的象征形成了思乡的民俗心态。在古代，由于技术的限制，凿井不易，由于民众汲水的需要，所以人们往往聚井而居。正如一位西方传教士所说：“（中国）乡村水井通常位于几家共同拥有的地面上。”李白在《陈情赠友人》中写道：“卜居乃此地，共井为比邻”，就真实地反映了古人聚井而居的生活图景。

考古资料也表明，我国早期水井一般分布在居住遗址和手工作坊附近。而且每个村庄城镇往往只有一口水井，人们聚井而居，共汲井水。水井边逐渐成为了公共生活空间和传播信息之地，久而久之井就成为村庄、家乡的象征，如王维《和陈监四郎秋雨中思从弟据》：“九衢行欲断，万井寂无喧。”陈子昂《谢赐冬衣表》：“三军叶庆，万井相欢。”刘长卿《清明后登城眺望》：“百花如旧日，万井出新烟。”《水浒传》第四回描写《赵员外重修文殊院 鲁智深大闹五台山》：“出得那‘五台福地’的牌楼来，看时，原来却是一个市井，约有五七百人家。”其中的“井”，皆指村庄。“水井”后来还成为一般平民百姓的称呼。宋代著名词人柳永，对宋词的发展做出了突出贡献，人们称赞他的词流传广泛，就说：“凡有井水饮处，即能歌柳词。”《周易・井卦》中的“改邑不改井”就充分说明了水井在古人心目中的地位十分神圣，不可轻易改动。《周易・井卦》是最早以文献的形式记录“水井”是家乡的象征这一思乡模式。

“水井”意象作为故园家乡的象征，在文学中比比皆是。像“井邑”“村井”“井里”“闾井”“井落”“井屋”“井甸”“乡井”等也都可以指村庄或家乡。如成语“背井离乡”即意味着离开家园，四处流浪。而一个村庄甚至是一座城郡被战争或瘟疫毁灭，则往往以“断井残垣”来形容。描写战争对农村的破坏，也往往借用“水井”意象来表现。如《宋书》卷95《索虏传》记载：“强者为转尸，弱者为系虏。自江淮至于清济，户口数十万，自免湖泽者，百不一焉。村井空荒，无复鸣鸡吠犬。”又如杜牧《即事》一诗中云：“萧条井邑如鱼尾，早晚干戈识虎皮。”

因古人对水井极为敬重，祭祀井神的风俗也形成很早，《淮南子・汜论训》中就有对水井的记载：“今世之祭井、灶、门、户、箕、帚、臼、杵者”。《白虎通》对“祭井”解释：“五祀者，何谓也？谓门、户、井、灶、中溜（中室）也。”五种祭祀的对象中四种都是室内建筑，唯有水井例外，其敬重之心可想而知。《后汉书・耿恭传》中有耿恭拜井：“匈奴复来攻恭。恭募先登数千人直驰之，胡骑散走，匈奴遂于城下拥绝涧水。恭于城中穿井

十五丈不得水，吏士渴乏，笮马粪汁而饮之。恭仰叹曰：‘闻昔贰师将军拔佩刀刺山，飞泉涌出；今汉德神明，岂有穷哉！’乃整衣服向井再拜，为吏士祷。有顷，水泉奔出。”匈奴狡猾断水，万没料到城中竟有水源，以为神助耿恭，无奈再次撤围而去，后遂用以为典。骆宾王《久戍边城有怀京邑》诗曰：“拜井开疏勒，鸣桴动密须。”

有资料说，有的地区，每逢春节，人们都在年三十上午、下午挑水，家家户户都从水井里挑水装满自家的水缸、盆和锅，以备三十晚上、初一、初二用水。这一活动也叫“拜井神”，意思是井神一年来供水辛苦了，过年这几天也让井神休息一下，以使新的一年井水更旺、更甜、更纯净。

14 谷藏曰仓，米藏曰廪

《礼记·王制》中论述：“国无九年之蓄，曰不足；无六年之蓄，曰急；无三年之蓄，曰国非其国也。”《管子》指出：“田野之辟，仓廪之实。”“仓廪实而知礼节。”可见仓廪在国家社稷中的重要位置。

我国古代的粮食储存设施，最早可上溯到新石器时代早期。在河北武安磁山遗址和临潼姜寨遗址就发现了早期储存谷物的窖穴。在殷墟发现的储粮窖穴，窖壁整齐，窖底平坦，窖壁和窖底都用草拌泥涂抹过。历朝历代的统治者对粮食种植和储存表现出高度重视。自周代开始，历代王朝不仅重视中央仓储的建设，也注重在地方兴仓储粮，据《周礼》记载：“仓人，掌粟入之藏。”说明周朝已设有专门管理粮仓的官员，仓储制度渐趋成熟，规模不断扩大。

春秋战国时社会形态更替变动，战争和自然灾害连绵不断，为战事获得胜利，必须有充足的粮食，因此各国都建仓积谷，“魏文侯有御廪；韩置敖仓于广武山；齐宣王发棠邑之仓；春申君为楚造两仓……秦始皇置长太仓。”（唐启宇《中国农史稿》）

随着国家储存粮食的增多，仓储方式及设施已有多样。从形式分为地上建筑及地下窖穴，并出现各自专有的名称。地上建筑有仓、囷、庾、廪等，地下窖穴有洺、窦、窖等，建于要道和水运便利之处的粮仓称“邸阁”。《三国志·后主传》记有：“亮使诸军运米集于斜谷口，治斜谷邸阁。”《通典·食货》曰：“各立邸阁，每军国有须，应机漕引。”从储备类型来分，仓有官仓和民间仓，官仓有正仓、常平仓等；民间仓有义仓、社仓、预备仓等。主要功能用于赈灾备荒，平抑粮价，供养军队。如西周的陇东粮仓，秦汉的太仓、华仓（图 14-1），隋唐的含嘉仓、洛口仓等都是知名的粮仓。

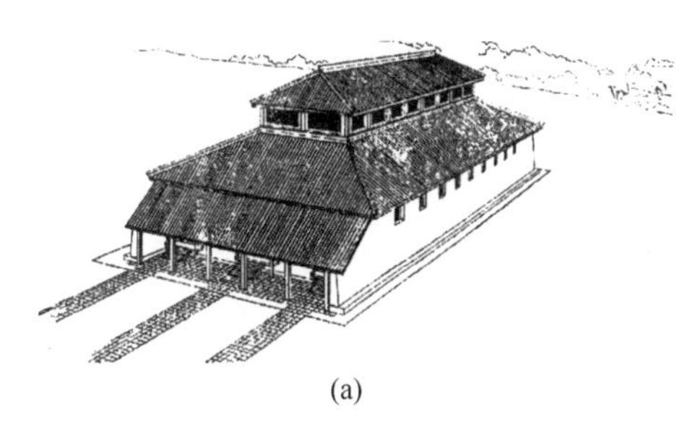
(a)

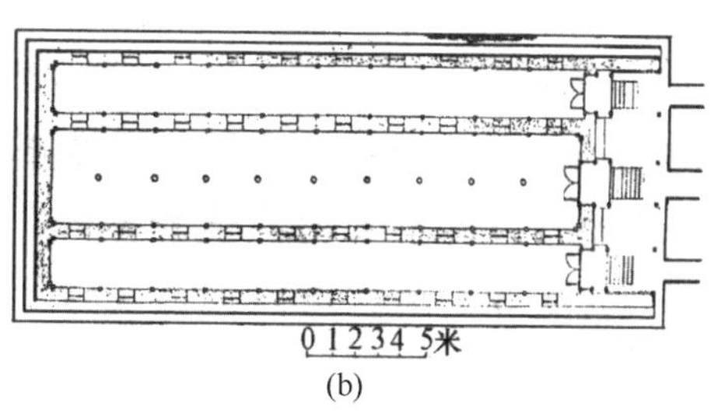

(b)

图 14-1　陕西华阴汉华仓城址遗迹一号仓复原图

（引自《考古与文物》1982 年 6 期）

（a）复原鸟瞰图；（b）平面复原图

汉朝统治者崇本抑末，务农重谷。除中央直接管理的粮仓，郡县两级另有常设之仓，各诸侯国、军队特别是边防兵系统也建了粮仓。地上粮仓建筑都早已无存，汉代画像石中粮仓的图像及墓葬中大量仓囷明器的出土则弥补了大量的信息。在和林格尔汉墓壁画中的繁阳城图和宁城图中，都有高大的两层谷仓建筑，旁有题记“繁阳县仓”“乌桓校尉幕府谷仓”等。四川峡县出土的汉代《舂碓入仓》画像砖（图 14-2）上，就画有一座粮仓，为的是避潮护粮，仓房建于高柱之上，是一座典型的干栏式建筑，正面为两仓，右侧为居室，粮仓下方有一人手持圆筒，左侧一人正负重登梯往楼仓运送粮食。汉墓出土的大量陶仓囷明器，多为民用的粮仓形制，有方形的仓，也有圆形的囷；有单体平房式高台基仓（图 14-3），有下部架空的干栏式仓（图 14-4）；有草顶，也有瓦顶；有单层平地式，也有双层楼阁、多层楼阁，最高有七层楼

图 14-2　舂碓入仓画像砖

（四川峡县羊安乡收集，现藏于中国历史博物馆）

阁，有的屋顶上开有气窗，设计考究，造型雄伟，雕梁画栋。如河南焦作市西郊汉墓中明器（图 14-5），仓楼前置有小院，正对仓楼的大门两侧建有双阙，院墙头覆以两坡压顶，此形制应属国家级或地方政府之官仓。

图 14-3　养老图画像砖中的仓

（引自王洪震《汉代往事：汉画像石上的史诗》）

图 14-4　干栏式仓

（引自王洪震《汉代往事：汉画像石上的史诗》）

汉代，随着以木结构为主的建筑结构体系的形成，建筑水平得以提高，各种先进的建筑技术和材料被运用到了仓的建筑中。高台、平台、斗拱、砖、瓦等都出现在单层仓囷及仓楼的建筑中。建筑是实用与艺术的统一体，不同功能的建筑有不同的要求和风格。汉代的粮仓建筑与住宅建筑由于功能不同，所以在整体建筑设计及顶部、底部等部位存在着很大的差异。例如，粮仓建筑一般仓基较高，墙体较厚，门窗较小且开的较高，有的还开有天窗、气孔，仓门都是板门，由外面反栓上锁等，这些与住宅建筑截然不同，这正是粮食储存的特殊技术要求所决定的。四川彭县汉乞贷画像石中所表达的粮仓，为一具两座门的六开间单层木梁架建筑（图 14-6），仓房坐北向南，上复以四坡顶，屋顶有通风气窗，下承以较低之台基，中间有一踏道。墙面显示之构件有柱、腰枋、间柱及双

图 14-5　河南焦作市西郊东汉陶仓楼

（引自《文物》1974 年 2 期）

扇板门、门枋等。汉代人在总结前人储粮经验的基础上，已经注意到并掌握了防雨、防潮、通风散热、密封保存、防火防盗、防鼠防鸟雀等技术要求，并在仓房的设计及建造中采取了切实的措施以达目的。如为保证仓内温度相对稳定，汉代粮仓十分注意仓的密封性能，大多为夯土墙或草泥墙，墙体较厚。不仅加强了密封隔潮性能，还兼顾防火的作用。尽量少开设仓口及门窗，有的小型仓仅一个仓口，粮食入库后便全密封，较少受到外界温湿度影响，利于粮食的恒温保存。明代吕坤在谈积贮条件时说道："风窗本为积热坏谷，而不知雀之为害也，既耗我谷而又遗之粪。今拟风窗之内，障以竹篾，编孔仅可容指，则雀不能入。"即采用编竹篾来防止鸟雀。1980—1981 年考古工作者对陕西华阴县瓦渣梁之汉华仓城址进行了部分发掘（图 14-1），发现大型粮食仓库、水井、水沟、水池、窖穴等遗址多处。其中特别是有关大型粮仓的资料，是对汉代建筑的重要补充。此建筑（编号为一号仓）位于仓城内西北部，平面呈长方形，坐西面东，东西长 62.3 米，南北深 25 米，内部以东西向纵墙划分为南、中、北三室。

图 14-6　四川画像砖中仓屋之木构形象

（引自《文物》1975 年 4 期）

宋、元、明、清的官仓多为木构悬山顶建筑，室内有地棚（木地板），檐前有廊，室外庭院有砖铺的晒场。目前仅存的若干地面粮仓均为清代建筑。

明清北京朝阳门外有万安仓、太平仓，朝阳门内有禄米仓、南新仓、旧太仓、富新仓、兴平仓，德胜门外有本裕仓、益丰仓，东直门外有海运仓、北新仓，东便门外有裕丰仓、储济仓，总共 13 仓，共计仓房 965 廒，是明清两代京都储藏皇粮、俸米的皇家官仓。清代的京师官仓都是元明粮仓旧址改建而成的，列为北京市文物保护单位之一的"南新仓"，也是清代"京师十三仓"中唯一被保存下来的古代粮仓。位于北京东四十条的"南新仓"，始建于明永乐年间，至今已有近600年的历史。清代北京朝阳门内南新仓、旧太仓、富新仓、兴平仓共处一方形大院中，为四合院式的组合体，构造上以廒为储粮单位。元、明、清三代对官仓建筑的形式和尺寸皆有规制，明代规定一廒三间，清代规定一廒五间，进深五丈三尺，面阔一丈四尺，檐柱高一丈五尺，悬山屋顶，每间开天窗。留存至今的南新仓共有古仓廒9座，每廒的建筑形制皆按官仓建筑的形式和规制建构。廒房墙体全部采用大城砖砌筑，墙厚达1.3～1.5米，廒架结构为传统木构架，内用金柱八根，中三架梁，前后双步梁。建筑屋顶为悬山合瓦清水脊顶，两端原有蝎子尾，现已残缺不全。

隋代以后各地为防范荒年多有设置义仓之举。《隋书·长孙平传》记："奏令民间每秋家出粟麦一石已下，贫富差等，储之闾巷，以备凶年，名曰义仓。"陕西大荔的"丰图义仓"，是现今保存最为完好的一座清代"义仓"，而且还是唯一一座仍在继续使用的古代粮仓。清光绪八年，由东阁大学士闫敬铭倡议，在陕西大荔县朝邑镇南寨子村建义仓，以解救关中大旱之灾。义仓历时四年而成，曾被慈禧太后朱批为"天下第一仓"，并赐"虎""龙"二字。义仓是一组大型四合院，周以砖砌围墙，顶面平铺青砖，四面环道。南墙中心两侧洞开东西二门，北墙中部建有望楼，西墙外壁嵌石匾一方，上题"丰图义仓"四字，西南有坡道通仓顶。储粮的仓房沿围墙墙体而筑，总共58间。仓房呈窑群式结构，每间面积平均50平方米，可容粮7.5万斤，仓门前有约3米深的檐廊。整座义仓的外观酷似一座"城"堡，为了安全防备，"城"外又围以土筑寨墙，墙外还掘有壕沟，是一座名副其实的"粮城"（参陈鹤岁《文字中的中国建筑》）。

建于地面的仓储建筑除"仓"以外，还有廪、庾、京、囷等建筑形式。而建于地下的粮仓古称"窌疪"。《说文解字》曰："窌，窖也。"《周礼·考工记·匠人》曰："囷窌仓城，逆墙六分。"《礼记·月令》记有："仲秋之月……穿窦窖，修囷仓。"郑玄注："穿窦窖者，入地椭曰窦，方曰窖。"其意为方形的仓为"窖"，椭圆形的仓是"窦"。孔颖达疏云："椭者，似方非方，似圆非圆。"据王祯《农书》农器图谱集中插图看，窖的孔是圆形的

（图 14-7），所谓的窦，原来是小口大腹（图 14-8）。窦是小孔洞，所以叫窦。向下挖掘，或者从旁侧穿挖出去，转向别处，就在里面藏粟，再用草泥封塞洞口，使别人辨认不出（图 14-9）。

图 14-7　窖

（引自王圻、王思义《三才图会·宫室卷》）

窖、窦是用来藏谷的地穴。王祯《农书》记载：地下挖穴作窖，小的可藏几斛，大的藏到几百斛。先投入柴薪荆棘，点燃后把泥土烧得焦燥，然后周围铺上糠秕碎杂，把粟贮藏在窖里面。五谷之中，只有粟最耐陈贮，可以经历多年。有的在窖外的地上栽树。如果窖内贮谷变质，树叶先有应验，必然萎黄，这时可以别处另挖窖。北方地表土质高厚，都宜作窖。江淮南方地高土厚的地方，或者也可以仿效。这既没有风雨、雀鼠的损耗，又没有水火、盗贼的忧虑，即使珍藏在箱笼中，贮藏在府库中数量再多，也没法与此相比。

图 14-8　窦

（引自王圻、王思义《三才图会·宫室卷》）

图 14-9 《天工开物》中的开凿井（窖）的场景

（引自宋应星《天工开物》）

窖穴储粮在我国有悠久的历史，窖藏后来成为储备粮食的传统，直到隋、唐、宋仍一直在采用，如隋唐的黎阳仓、含嘉仓等。

隋炀帝在修建东都洛阳时营建的含嘉仓（图 14-10），就曾经是盛纳京都以东州县所交租米的全国最大皇家粮仓，它始建于隋大业元年，历经隋、唐、宋三个王朝，沿用长达 500 余年，直到北宋南迁后才废止，规模之大，使用时间之长，实属罕见。据《通典·食货》记，整个含嘉仓总共有 400 多

个仓窖，每窖可储粮约 50 万斤。经考古工作者对含嘉仓遗址的调查和发掘，该仓城东西长 612 米，南北宽 710 米，总面积约 43 万平方米。仓城内已探明的仓窖有 287 个，分布密集，排列有序，窖与窖间的距离一般为 6～8 米，窖穴口径 6～18 米，深5～10 米。仓窖形状像一个圆缸，口大底小，四壁斜下内收，窖底作夯实处理，又经火烧烘干，坚硬无比。周壁和窖底有草、糠、席等防潮填充物，其上再纵横铺设油漆过的木板两层。大部分窖穴内都有砖刻铭文，记载窖穴位置、编号、储粮来源、品种、数量、入窖年月以及管理人员的姓名和官职等。

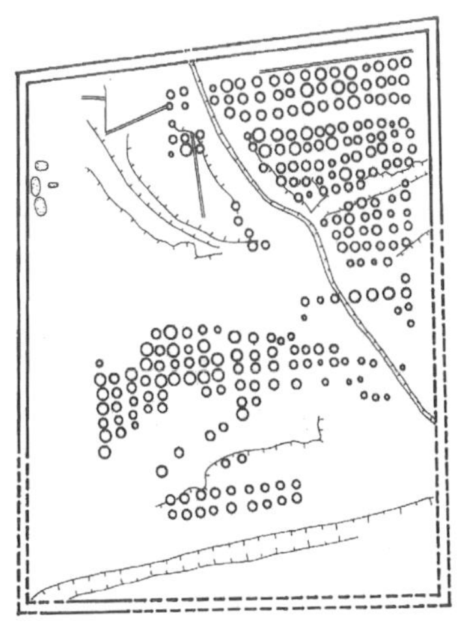

图 14-10　河南洛阳唐东都含嘉仓平面图

（引自刘叙杰《中国古代建筑史》第一卷）

15　圈则圈之

《说文解字》中说："圈，养畜之闲也。"段玉裁注说："畜，当作兽，转写改之耳。闲，阑也。牛部曰：牢，闲养牛马圈也。是牢与圈的通称也。"《甲骨文字典》对于"牢"字有这样的解释："古代放牧牛马羊群于山中，平时并不驱赶回家，仅在需用时与住地旁树立木椿，绕以绳索，驱赶牛羊于绳栅内收养，即以树立木椿绕绳索做形为牢。""前汉有处，圈则圈之，名出于汉代云。"出自王圻《三才图会》宫室卷，前面的圈（juàn）为名词，指养家畜的棚栏，后面圈（quān）为动词，意思即将家畜圈起来。曹植《求自试表》曰："此徒圈牢之养物，非臣之所志也。"圈牢是养畜牲牛马的地方。

猪是人类最早驯化的动物之一，在距今七八千年的裴李岗文化就已经出现家猪的陶塑形象。到了先秦时期已有了"六畜"的说法，猪列其一。《周礼・天宫・膳夫》中记有"炮豚"（烤乳猪）为周天子的美味"八珍"之一。春秋以降，伴随着农业、畜牧业的发展，家猪作为主要牲畜而被大量养殖。《墨子・天志》中说："四海之内，粒食人民，莫不犓牛羊、豢犬彘。"《后汉书・东夷传》曾记载东夷贵族："好养豕，食其肉，衣其皮。"彘、豕、豚为猪的不同名称。到了两汉后期，政权相对稳定，统治者颁布法令，推动农业长足发展，呈现"谷物之仓，牛羊成群"的景象，开始大规模实施圈养家畜。

汉代对每种牲畜的圈舍各有其命名，如马圈称厩，牛圈称牢，羊圈为庠，猪圈为溷，猪圈是现代考古学的命名。今本《竹书纪年》："季历之妃曰太任，梦长人感己，溲于豕牢而生昌，是为文王。"《国语・晋语》："大任娠文王不变，少溲于豕牢，而得文王不加疾焉。"周文王出生在豕牢，可见猪圈的悠久历史。中国古代猪圈与厕所建筑样式有一个鲜明的特色，就是溷厕合一，《释名・释宫室》云"厕或曰溷，言溷浊也"。"溷，为浊；圊，为至秽之处，宜常修治使其洁清也。"在古汉字中溷即猪在圈中之意。关于溷厕合一的建筑模式最早见于《墨子·守城篇》："五十步一厕，与下同溷。"厕所架设在城墙上，粪便可以落下，城下则为猪圈。

汉代的许慎在《说文解字》中注解"溷"时说："厕也，从口象豕在口中也，会意。"唐代大注解家颜师古也指出："厕，养豕溷也。"不仅民间如此，皇宫亦然。汉武帝之子燕王旦密谋推翻昭帝自立时，猪群从厕中跑出，弄坏了宫中厨灶。《汉书·燕刺王刘旦传》记载："是时天雨，虹下属宫中饮井水，井水竭。厕中豕群出，坏大官灶。"史书记载出现这一现象，表明有不祥之事发生，从侧面说明了皇宫中猪圈和厕所合一。猪舍与厕所合一的建筑到了汉代，已非常普通，演变成了一种习俗。溷厕合一的目的是积蓄农田肥料，农书《汜胜之书》："溷中熟粪。"而将猪圈、人厕合一的建筑模式，较之牧养，既节约了空间，保证了肥源的集中收集使用，又为猪提供了一定的食源，另外可以达到《齐民要术》中所言"圈不厌小（圈小则肥疾）"的效果，即猪圈越小，猪的活动空间小，运动量小，消耗越少，增肥自然快，充分体现了建筑服务于功能需求的观点。然而，这种将圈厕与猪饲养合一，集养殖、积肥一体的建筑生活模式，是否真的科学、卫生，值得商榷、探讨。

虽文字多有记载，但考古发现的猪圈主要在两汉时期随葬明器中溷厕合一的建筑模型里，西汉中晚期、东汉时期广为流行，三国以后逐渐减少，两晋虽还有，已不如汉代的丰富多彩。这些陶质明器，包括建筑物和器具无一不是和当时人们的生活、生产密切相关，而由于猪圈与厕所、居室合三为一的明器的出土，使我们有幸看到了汉代猪圈的真实面貌，也给建筑史中宅屋建筑设施的研究提供了宝贵的资料。

关于汉代猪圈厕的形式类别，经考古发掘的地下出土文物特别丰富，学者已多有研究。曹建强《汉代的陶厕》一文中，对溷厕合一的优点总结为："把两个污秽之所集于一处，减少污染源；人畜粪共贮，清理方便；立体构筑，占地面积小，可有效利用空间；人粪作为猪的辅助食料，也是一种资源再利用。说明在我国汉代人们就有了很强的环境意识。"并按不同地区的建筑风格和人们生活习惯的差异，将陶厕圈粗略分为四种类型：

第一种类型是极简陋的单一猪圈（图 15-1、图 15-2）。

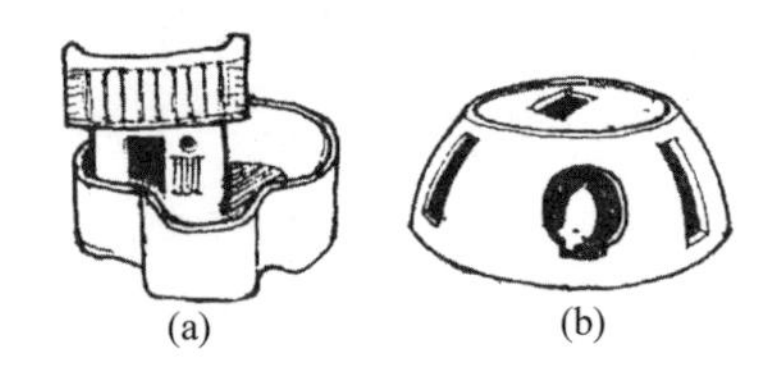

图 15-1 单一猪圈

（a）山东济南市青龙山东汉晚期墓猪圈（引自《考古》1989 年 11 期）；

（b）湖南长沙市丝茅冲 1 区东汉墓出土夏碗式猪圈（引自《考古》1959 年 11 期）

图 15-2 国家博物馆收藏的汉代猪圈陶器

（引自网络）

第二种类型是猪圈与单厕结合（图 15-3）。这种厕所是由圆形、椭圆形或方形围墙构成的猪圈，圈内附有陶食槽和陶猪，厕所架筑于猪圈之上，厕所屋顶有两面坡或四角攒尖等形式。厕门外多有便于人上下的斜坡道，厕内地板开有长方形便坑，下通猪圈，粪便由此落入圈底，有的厕所墙壁还开有小窗以利通气。

第三种类型是猪圈与双厕结合（图 15-4）。主要特点是在长方形猪圈上方的两侧或对角分建两座厕所。中间为猪圈，圈后墙上搭檐棚为猪舍，前墙正中开一供猪出入的通道，圈两侧对称起造两座形制完全相同的高台厕所，门前有台阶，厕内便坑下通猪圈，还有的陶厕将厕建在猪圈对角的平台上，便坑皆通猪圈。

图 15-3　安徽亳州博物馆收藏的汉代猪圈陶器

（猪圈与单厕结合）（引自网络）

图 15-4　湖南长沙市伍家岭东汉一号墓绿釉猪圈

（引自《考古》1959 年 11 期）

第四种类型是猪圈与居室、厕结合（图 15-5）。同居室结合的厕所，当时也已经成为民居的有机组成部分，生活起居非常便利。

作为住宅建筑的组成部分，汉代圈厕设施的建造技术达到了很高的水平。风格多样，结构合理，许多圈厕建造得非常讲究：厕所内设有尿槽、脚踏、台阶、扶手，屋顶辟有天窗，地面铺设花纹地砖，设有排水设施，而且开始从生活文明的角度出发，分别建造男女厕，为研究古代建筑的文化提供了重要的依据。

除猪圈外，还有马圈称厩，牛圈称牢，羊圈为庠。中国古代畜牧业中以养马历史最为丰富，早在原始社会晚期已开始

图 15-5　汉代三层带猪圈陶楼

（猪圈与居室、厕结合）（引自网络）

养马。汉、唐时是养马业达到顶峰的时期，全国设有众多的牧场和马坊。到汉代据《汉书》记载当时中央政府共有龙马、闲驹、橐泉、丞华等五处养马之所，设立了五位监长、监丞等马官。唐肃宗时期的宦官首领李辅国，本是普通的“养马小儿”，由于养马有术而升迁，被任命为掌管御马的飞龙厩使，并借此掌握了宫中大权。

《说文解字》曰：“厩，马舍也。”马厩，顾名思义是养马的地方，也称“厩圉（yǔ）、厩闲”，基本上都是马棚、马房的意思（图 15-6）。天子的马舍叫“龙厩”，王室皇家的马舍叫“国厩”“闲厩”。宫中的车马房亦作“中厩”，宫外的马舍叫“外厩”，又称涂牲血于新修治的马厩为“衅厩”。汉代汉宫有栘园，园中马厩叫“栘（yí）中厩”。唐代的御厩名叫“飞龙厩”，清代叫“御马厩”，即清代饲养皇帝乘骑的御马一厩。设有厩长一员、厩副二名、厩丁二十名、草夫三十六名，足见其重视程度。

图 15-6　马厩

（引自王圻、王思义《三才图会·宫室卷》）

从考古资料看，早在原始社会就有畜栏的遗址。《论语·乡党》记有：“厩焚，子退朝，曰：‘伤人乎？’不问马。”从中可知应该很早就有马厩的建设及管理了。建筑形象的储存从内蒙古和林格尔汉墓壁画《宁城图》所描绘之官衙建筑中（图 15-7），以及汉代画像石中可见汉时马厩的影子（图 15-8）。李商隐《过华清内厩门》诗云：“华清别馆闭黄昏，碧草悠悠内厩门。”陆游的《关山月》感怀曰：“和戎诏下十五年，将军不战空临边。朱门沉沉按歌舞，厩马肥死弓断弦。”别馆和贵族深府都有马厩（图 15-

9)，马厩应是很普遍的建筑设施，从皇宫到地方，军队及专门养马的场所，都设有规模不一的马厩、马坊。

图 15-7　内蒙古和林格尔汉墓壁画《宁城图》

（引自《文物》1974 年 1 期）

图 15-8　“车、马、人物”中养马图（局部）

（引自练春海《汉代车马形象研究》）

广州沙河顶州乐团的基建工地上清理了一座东汉时期的砖室墓，随葬品中有一件陶牛圈明器，其平面布局为方形。前段为栅栏式围墙，顶无遮盖；后段为密封式围墙，上有悬山式屋顶遮盖；圈中间有一柱承托屋檐。牛圈正

图 15-9　敦煌莫高窟第 85 窟壁画

（引自《中国美术全集》）

面有门外敞，门两侧有不对称的榫孔；右侧四孔，左侧三孔。圈门右有一人，手执一棒作栓门状。圈内共有五牛，大小不一，形态生动有趣。南京博物馆藏有西晋随葬品出土的青瓷羊舍模型（图 15-10），瓷屋为圆形平面，外围有畜栏；屋面为攒尖顶，造型尺度夸张优美。

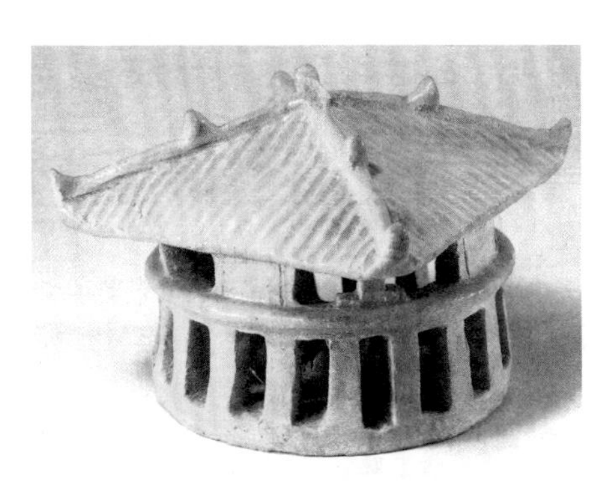

图 15-10　南京博物馆藏西晋青瓷羊舍

（引自段志均《古都南京》）

16　公桑蚕室

中国是最早发明养蚕缫丝制绢的国家，有着悠久的养蚕历史，中国古代以农桑为本，蚕桑丝织是关乎国计民生的大事，是农业经济的根本。其中农桑作为中国古代社会赖以生存与发展的基础和命脉，格外受到重视。历朝历代的统治者把蚕桑生产与粮食生产相提并论，确定了"农桑并举，耕织并重"的国策。男耕女织是中国历朝历代的治国根本，也是中国传统文化的一大特点。王祯《农书·蚕缫门》就记载："蚕缫之事，自天子后妃，至于庶人之妇，皆有所执，以供衣服。"

中国古代的蚕桑技术及文化达到一定的高度，留存的文化遗产相当丰富，《蚕织图》是描绘我国古代植桑、养蚕、裁衣等与蚕织相关的劳作过程及场景的绘图，是记录农业生产及场景的图像。从最早的青铜器及汉代墓室画像砖中，已有植桑（图 16-1）及"蚕织图"的图像记载。系统完整的《耕织图》（图 16-2）成形于南宋，为"概念农夫蚕妇之劳苦""以奉行劝课农桑勤怠为赏罚"而作（图 16-3）。元、明、清三朝皆有绘制，尤以清朝最多。其织图部分结合养蚕生产过程及技术分为：浴蚕（图 16-4）、二眠、三眠（图16-5）、大起、提绩、分箔、采桑、上簇、炙箔、下族、择茧、窖茧、练丝、蚕娥、祀谢（图 16-6）、纬、织、络丝、经、染色、攀花、剪帛、成衣，共二十多幅。每幅配以诗歌，"图绘以尽其状，诗文以尽其情。"这种图文结合以连环画的形式完整

图 16-1　汉画像砖苑园

（引自《中国民间画像砖品鉴》）

地记录了当时蚕桑丝绸的生产过程，反映了农桑技术发展的概况，被誉为最早完整记录男耕女织的画卷。王祯《农书》之“蚕缫门”一节中还有蚕神、火仓（图 16-7）、蚕槌、蚕簇、蚕瓮、缫车等一系列蚕织技术的图谱。

图 16-2　耕织图

（引自李涛、张弘苑《中国人物名画（上卷）》）

图 16-3　蚕织图

（引自中国美术全集编辑委员会编《中国美术全集》）

图 16-4　浴蚕

（引自［清］焦秉贞《康熙雍正御制耕织诗图》）

图 16-5　三眠

（引自［清］焦秉贞《康熙雍正御制耕织诗图》）

中国古代早已掌握了系统科学的蚕织建筑技术，如王祯《农书·蚕缫门》就记载：民间的蚕室从选址到构造，有很详细的建设经验，必须先选好养蚕的宅院，要求背阴朝阳，地势平坦。蚕室以朝南正屋为最好，朝北、朝西次之，朝东又次之。至于蚕室房屋的建造，无论是草屋还是瓦屋，都必须在屋内外木材上用灰泥涂饰，用来防备火灾。养蚕的空间要宽敞些，以便搁得下蚕架、蚕箔；窗户采光要明亮，易于辨别蚕的眠起。在檐口桁和下面的横木之间，均要开设采光小窗，每到早晨、傍晚的时候，借以透光照明。临近地面开几个通风洞，可以启闭，以排除湿浊空气。开始时还要在东屋内隔出一小间，作为稚蚕饲育室，到二眠前后才撤去隔间。西窗要有遮阳措施遮蔽太阳西晒，为避免西南风对蚕的生理活动有伤害，可以在西南角墙外再垒砌一堵长四五步的墙。假如是旧屋，应该把尘土清扫干净，预先用泥涂抹并补好孔隙；如果时间紧迫，临时赶工抹泥，那么墙壁潮湿，对蚕的生长不利。王圻《三才图会》中《蚕室图》（图 16-8）高墙茅屋，是老百姓常用的简易生产建筑，其中为养蚕技术而服务的遮阳措施，表现得清晰细致。

图 16-6 祀谢图

（引自［清］焦秉贞《康熙雍正御制耕织诗图》）

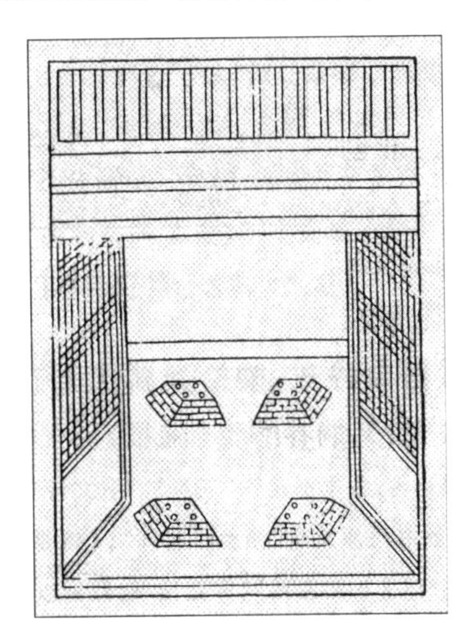

图 16-7 火仓

（引自缪启愉、缪桂龙《农书译注（下）》）

公元前三世纪，荀卿著《蚕赋》中，提到蚕对环境的要求是“夏生而恶暑，喜温而恶雨”，待到公元前二世纪，开始有意识地提高蚕室温度来促进蚕的生长发育，公元一世纪仲长统《昌言》中明确到“寒而饿之则引日多，

图 16-8 蚕室

（引自王圻、王思义《三才图会·宫室卷》）

温而饱之则引日少”的规律性。公元四世纪，对养殖环境的温湿度和饲养已很讲究，杨泉《蚕赋》中说：“温室既调，蚕母入处，陈布说种，柔和得所，……爱求柔桑，切若细缕，起止得时，燥湿是候。”已懂得鲜茧用盐渍并埋在阴凉处，可以抑制蛹的发育，延迟羽化时间。公元六世纪贾思勰《齐民要术》提到多化性卵在低温下抑制，可以延迟孵化时间，从而增加一年的饲育次数。公元三世纪嵇康在《难宅无吉凶摄生论》中，指出蚕发病和蚕茧产量低，不在于命运，而在于灵活掌握各项生态条件：“有教之知蚕者，其颛于桑、火、寒、暑、燥、湿也，于是百忌自息而利十倍。”（蒋猷龙《中国古代的养蚕和文化生活》）

12 世纪的宋代，对蚕在食桑中的加温方法十分讲究，陈旉《农书》中说，“蚕既铺叶喂矣，待其循叶而上，乃始进火……若才铺叶，蚕犹在叶下，未能循授叶而上进火，即下为粪剁所蒸，上为叶蔽，遂有热蒸之患”“铺叶然后进火，每每如此，则蚕无伤火之患”，说明远在千年之前，已经了解到湿热对蚕的危害。可见对蚕各个发育阶段所需之生态标准条件，到十三世纪已有比较完整的记载，其温湿度饲养已很有讲究。

王祯《农书·蚕缫门》就记载用火龛加热蚕室的方法：蚕初生出蚁，室内四壁用砖砌垒空龛，形状像参星那样，一定要均匀分配，里面放进熟火，以提高室内温度，使其均匀散热（图 16-7）。有的蚕家随时烧着柴薪以补充温度的丧失，但由于烟气熏蒸，蚕儿容易受热毒，往往诱发黑薦病。现在制作一种抬炉，先在外面把柴薪、牛粪烧过出烟，充分燃烧后变成熟火。然后抬入室内，在各龛里面酌量放置熟火，并且随时按照室温冷热增减。如果忽

冷忽热不均匀，以后必然眠起不齐。陈旉《农书·用火采桑之法篇》记有抬炉的使用："蚕是喜暖的虫类，宜于用火来育养。用火的方法，须要专作一个炉子，使之可以扛抬出入。……火须在外面先烧熟没有烟，用谷壳灰盖在上面，便不会猛烈冒焰。"抬炉的制作，一如矮床，里面装一个烧火炉子，两边两头伸出长柄，由两人扛抬，送熟火入室（图16-9）。

图16-9　抬炉

（引自缪启愉、缪桂龙《农书译注（下）》）

由上文论述可以看出古人对蚕室建设有很详细的要求，甚至对养蚕的生产工艺和建筑设计都有密切的配合，显示了我国古代高超的养蚕缫丝技术。

《礼记·祭义》："古者天子诸侯，必有公桑、蚕室，近川而为之。筑宫，仞有三尺，棘墙而外闭之。"天子诸侯，都有官家桑园和蚕室，设置在近河川的地方。《礼记·月令》曰："后妃斋戒，享先蚕而躬桑，以劝蚕事。"后妃斋戒，祭先蚕神，亲自采桑，以勉励养蚕。《元后传》："春幸茧馆，率皇后、列侯夫人桑。"汉元帝王皇后为太后时，亲临茧馆，率领皇后及列侯夫人至上林苑茧馆采桑。茧馆是皇后亲自养蚕的处所，就是古代皇家桑园中的蚕室。

图16-10　茧馆图

（引自缪启愉、缪桂龙《农书译注（下）》）

关于茧馆建筑方面的文献比较少。王祯《农书·蚕缫门》中《茧馆图》（图16-10）表现的是皇后及皇宫仕女亲桑的画面，画中建筑，雕栏玉砌，场景华丽、开阔。据考古资料，汉未央宫附属之宫廷建筑，有茧馆、蚕室、东西织室、暴室等。其中之茧馆，为养蚕结茧取丝之所，蚕室供孵化之养蚕。室内常年保持温暖，因此该处又被用以施腐刑。织室系宫中纺织缯帘之作坊，专供宫廷之用（图 16-11）。

我国是养蚕缫丝业的发源地，有悠久的养蚕缫丝传统。种植养蚕业也有自己的神灵，先蚕就是蚕神，是最先发明创造养蚕的人，随着蚕桑业的发展，而成为后人崇拜祭祀的偶像。在我国很早就有关于蚕神的记载，关于蚕神的姓名、来历有不同的说法。蚕神是天驷星，在天文上辰是龙，蚕在辰月孵化生蚁，蚕又与马同气，所以说天驷就是蚕神。嫘祖，西陵之女，黄帝正妃，在《淮南子》《通鉴外纪》《农书》等史书中都有嫘祖发明养蚕缫丝技术，并在民间推广，因此受到后世的爱戴，将之尊为蚕神的记载。自北周以后历代皆以西陵氏为蚕神进行祭祀，民间蚕农也奉祀之（图 16-12）。民间信仰的蚕神，除嫘祖外，还有马头娘、蚕姑、青衣神、蚕花五神的说法，这是历代所祭的不同蚕神。

图 16-11　（明）仇英《宫蚕图》（局部）

在宋、元、清的《蚕织图》中都有一幅《祀谢》（图 16-6、图 16-13），专门描绘民间祀谢蚕神的风俗。祀谢蚕神是农家蚕事完毕后祭祀先蚕、祈求来年丰收的习俗。楼璹的《祀谢》写到："春前作蚕市，盛事传西蜀。此邦享先蚕，再拜丝满目。"描述了西蜀以丝祀谢蚕神的风俗场景。清代雍正题诗云："丰祀报先蚕，洒庭伫来格。醴酒注樽罍，献丝当圭璧。堂下趋妻孥，堂上拜主伯。"描写了农家茧丝丰收后，全家人献丝、祭拜的场景。

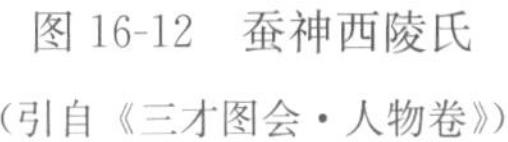
图 16-12 蚕神西陵氏

（引自《三才图会·人物卷》）

图 16-13 南宋无款《蚕织图》（局部）

（引自《终朝采蓝：古名物寻微（扬之水）》）

在我国古代，统治者按照一定的规定，进行不同等级的祭祀活动。农耕与蚕桑是中国古代社会赖以生存与发展的主要生产活动。蚕桑关乎国计民生，历代帝王欲使统治稳定，帝王祭祀农桑是很重要的一环。“先蚕”机制始于周朝，据《春秋谷梁传·桓公十四年》记载：“天子亲耕以共粢盛。王后亲蚕以共祭服，国非无良农工女也，以为人之所尽事其祖祢，不若以己所自亲者也。”据周制，王与诸侯皆有公桑蚕室。自周以后的历朝都沿袭着祭先蚕的礼制，并设祭坛，称先蚕坛。按照男耕女织的传统习惯，皇帝在先农坛“亲耕”，皇后则在先蚕坛“亲桑”（图 16-14、图 16-15），以此为天下的黎民百姓做出表率，先蚕礼逐渐形成了一套较

图 16-14 先蚕坛

（引自王圻、王思义《三才图会·宫室卷》）

完整的礼仪，成为皇家祭祀中的重要活动。“深宫想斋戒，躬桑率民先”（楼璹《浴蚕》）即指宫廷先举行先蚕礼，而后进行斋戒活动，先蚕礼是由皇后主持的最高国家祀典活动。

祭先蚕神有坛，考之历代，虽然礼制稍有不同，然而都是递相因袭下来，历朝历代，递相因袭。

图 16-15　宋代曹皇后亲桑图

（引自王镜轮《全景实录紫禁城》）

现北京先蚕坛是北京的九坛八庙之一，是皇后行恭蚕典礼的祭所，创建于明嘉靖九年（1530 年）。先蚕坛的方位，按古代阴阳五行学说的原则，皇后代表地，属阴，主北方。故明代北京设先蚕坛位于北郊安定门外，与皇帝亲耕的籍田、祭神农的先农坛相对应。坛方形，边长二丈六尺，垒二级，高二尺六寸，四出阶，皆用阴数。东、西、北三面皆植桑柘，并有蚕宫令署、銮驾库、织室等建筑。清乾隆时期考虑到后妃出入方便等原因，将之改到皇城之内，北海东北隅。作为皇室后妃祭祀蚕神、行躬桑之礼的场所，先蚕坛曾多次上演盛大、繁复而完备的先蚕礼。先蚕坛是皇家祈天佑民的场所之一，是传统文化的重要遗址之一。在先蚕礼的发展过程中，存着丰富的文化内涵，其中蚕神故事、先蚕坛建筑、祭祀礼仪等都是宝贵的文化遗产。

清郎世宁所绘的《孝贤纯皇后亲蚕图（祭坛）》全卷记录了乾隆九年（1744 年），清廷举行的建国以来的第一次祭先蚕神的典礼。三月吉巳日是

举行祭礼的日子，这天，位于西苑太液池北端的先蚕坛上已经立起黄色幕帐，帐内供有先蚕神嫘祖的神位及牛、羊、猪、酒等各种祭品。孝贤纯皇后来到祭坛行礼，祭礼程序繁糅，最有特色的是行“躬桑”的皇后采桑礼。此礼行于祭先蚕次日，皇后手持金勾与金筐，至蚕坛内的桑林采桑，名为皇后躬桑，实际上皇后近采桑叶三片，便于观桑台御宝座观看众嫔妃宫女等采桑，最后由蚕母将所采桑叶送至蚕室喂蚕，整个祭礼结束，如此则表明皇后已为天下织妇作出榜样。

17　库，兵车藏也

《说文解字》曰："库，兵车藏也，从车在广下。"段玉裁注："兵车藏也，此库之本义也，引申之，凡贮物舍皆曰库。"除储放粮食的仓外，其他贮物的建筑均可称为库房。

"库，兵车所藏也。帑，金帛所藏也。府，文书所藏也。"（《说文解字》）兵器库、府库、收藏文书之处均称为"库"。《商鞅书》曰："汤武破桀纣，筑五库藏五兵，有庭之库。"王圻《三才图会》据此称："此库之初也"，武库是聚藏各种兵器之所在，历来为古代统治阶级所重视，《礼记・曲礼下》："君子将营宫室，宗庙为先，厩库为次，居室为后。"上至帝都，下至州、府、县治，均有此类建筑设置。在西汉长安与东汉洛阳城内，都有大型武库遗址的发现，历史文献中亦有所载。《元和志》："（未央宫）东距长乐宫一里，中隔武库。"《资治通鉴》："愬遣李进诚攻牙城，毁其外门，得甲库，取器械。"据考古发现，西汉长安武库遗址位于长乐宫与未央宫之间，武库的总平面为横长方形，东西长 710 米，南北长 322 米。至于地方的武库，其规模与面积相对较小。

据四川新都县出土的东汉晚期的画像砖，其主体建筑为一两开间四坡顶平屋，柱上施一斗三升斗拱，前檐下置双阶。室内有平置戈、矛兵器之木架"兵栏"。柱上悬一弓，其侧屋内置三层架，似亦用作置兵器（图 17-1）。还有成都互助村 HM3 的武库画像砖图（图 17-2），这类武库的画像通常仅画出武库的剖面，以刻画出屋内的兵器架（图 17-3）。据此并不能了解武库具体的建筑结构，不过由此可以确定战备在汉代社会中的重要地位。

方以智《通雅・宫室》："唐有甲库，藏秦钞之地也。"依《旧唐书・职官志》设于"门下省"，有甲库令史，为给事中下属助理。给事中需审定官员上奏文钞、颁行皇帝旨意、监察官员住宅等这些事物的主要文案工作，由此可知甲库是放置文案的场所。据宋代王溥《唐会要》卷八十二《甲库》：“贞元八年闰十二月，给事中徐岱，中书舍人奚陟、高郢等奏。比来甲敕，祇下刑部，不纳门下省甲库，如有失落，无处检覆。今请准制敕，纳一本入门下甲库，以凭检勘，敕旨。依奏。”可见甲库还是文案底本储存之所。古时官员上书，一般供两份，其中一份需要入库，以供遗失查封。

图 17-1 四川新都县马家乡东汉画像砖中的武库形象
（引自中国画像砖全集编辑委员会《中国画像砖全集》）

图 17-2 成都互助村 HM3 武库画像砖图
（引自《成都考古发现》2002 年）

(a)

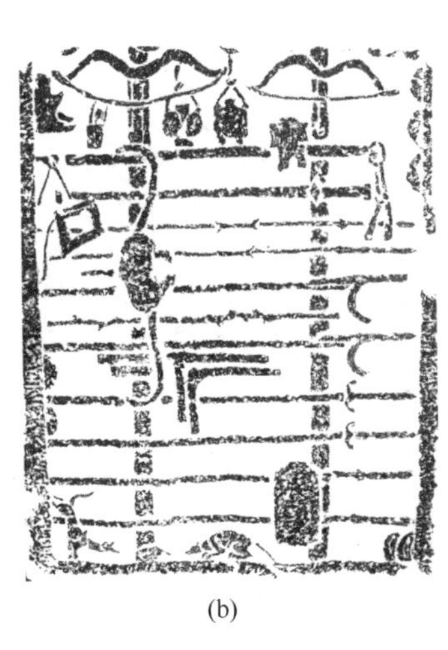

(b)

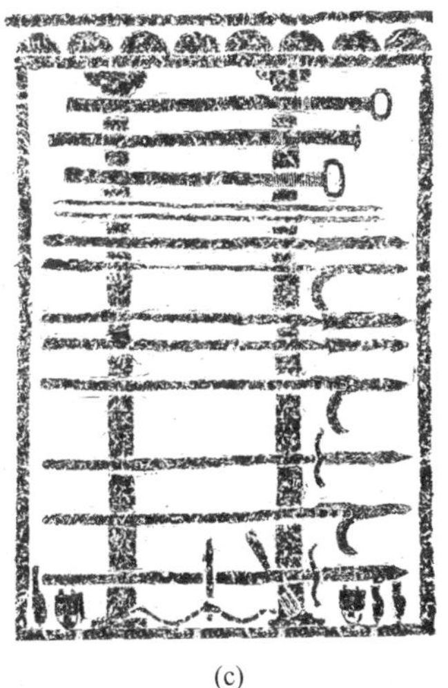

(c)

图 17-3 汉代“兵栏”及武器架
（引自王洪震《汉代往事：汉画像石上的史诗》）

到了宋代，甲库包罗万象，以至于人员、物资等费用耗损极大。据《宋史・张焘传》："先是，御前置甲库，凡乘舆所需图画什物，有司不能供者悉聚焉。日费不赀。禁中既有内酒库，酿殊胜，酤卖其余，颇侵大农，焘因对，言甲库萃工巧以荡上心，酒库酤良酝以夺官课。且乞罢减教坊乐工人数。上曰'卿言可谓责难于君'。明日悉诏罢之。"

官衙中库的命名方式多种多样。按照所贮内容，大概包括以下几类：存放龙亭御仗之所，多称仪仗库或銮驾库，也有称甲仗库、龙亭库者；存放案牍册籍之所，最为常见的为架阁库，类似的又有造册房，存放正额钱粮及罚赎诸金之所；其他又有军器库等。当然库房的形式有多种，从以上看来，武库、甲库都属于皇室及官署建筑，数量既少，规模一般亦不大，而明代南京为存放档案所建的黄册库（图 17-4）规模还是不小的。

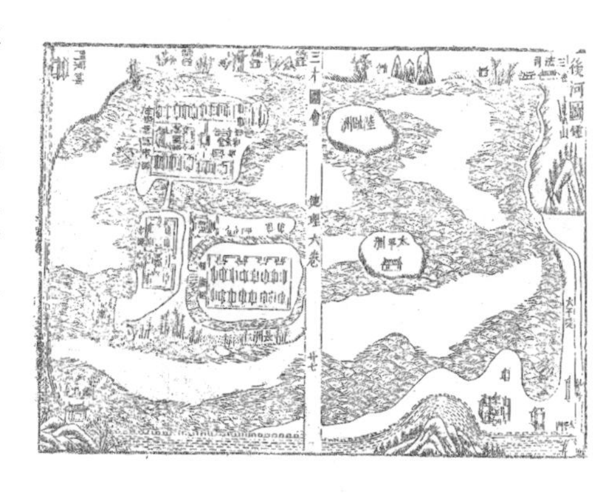

图 17-4　后河图

（引自王圻、王思义《三才图会・地理卷》）

另外还有一些特殊用途的库房，如商纣王建在"朝歌"城内的鹿台，"其大三里，高千尺。"纣王除在其中游乐，还用于贮存重敛天下而掠夺的钱财。亦为商末周武王起兵，纣王战败，"走登鹿台，衣其宝玉衣，赴火而死"之所在。在成都太平乡出土的一块画像砖上（图 17-5），有一座单层建筑，屋内悬挂着磬，屋外有一建鼓，有一女子正在击鼓，该建筑很有可能是放置和表演乐器的乐府或乐坊。

图 17-5　成都太平乡乐坊画像砖

（引自高文、王锦生《巴蜀汉代画像砖大全》）

18　月移花影上栏杆

在中国传统建筑中，无论是较高等级的官式建筑还是普通的民间建筑，常常能见到栏杆的影子。作为建筑中的围护构件，栏杆的实用功能是保护人身安全。梁思成先生为栏杆下的定义是：“栏杆是台、楼、廊、梯，或其他居高临下处的建筑物边沿上防止人物下坠的障碍物，其通常高度约合人身之半。栏杆在建筑上本身无所荷载，其功用为阻止人物前进或下坠，却以不遮挡前面景物为限，故其结构通常都很单薄，玲珑巧制，镂空剔透的居多。”

《说文解字》曰：“阑，门遮也。从门，柬声。”最初用于门前的遮拦之物，被引申到建筑环境之中，称为通常所说的“阑杆”（“阑”，同“栏”，编者注）。阑干者纵横也，纵木为栏，横木为干。在汉魏六朝的文学作品中多用槛、阑槛、轩槛、或楯槛、楯轩等名称，“槛”本意是指牧场中的畜圈。同时栏杆还有“勾栏”的别称。《古今注》曰：“顾成庙有三玉鼎、二真金炉，槐树悉为扶老钩栏，画飞云龙角虚于其上也。”《楯间子》曰：“棂，栏楯，殿上临边之饰，亦以防人坠堕，今言钩栏是也。”（“勾栏”也作“钩栏”，编者注）北魏郦道元《水经注·河水二》：“吐谷浑于河上作桥……施勾栏，甚严饰。”

在六七千年前的浙江河姆渡原始建筑遗址中已有木栏杆的应用，迄今见到最早的形象是西周晚期铜方形矮足鼎上的卧棂栏杆。方鼎屋状，正面开门，门前凹进，空出门廊。廊边两侧有十字形卧棂栏杆，后是用于建筑物入口处的护栏。在汉代画像石、画像砖、陶楼模型上所见的栏杆已有多种类型，并饰有精美的鸟兽花纹（图 18-1）；六朝隋唐的栏杆则见于敦煌壁画（图 18-2、图 18-3），台基是传统建筑的基础部分，它和栏杆相结合，丰富了露台的外观和立面造型，是露台建筑的重要组成部分。敦煌壁画中，在建筑物砖石台基的边缘上，设有通长的木栏杆。栏杆由望柱、寻杖、盆唇、地栿与斗子蜀柱构成。栏杆转角处设望柱，在望柱头以及木构件的横竖交接节点处，用另一色彩围绕节点画出一矩形，可能是用金属（铜皮）包镶以加强节点，其上錾花鎏金，装饰华丽；321窟的菩萨凭栏（图18-4），是云层上的天宫平台，装有重层华板栏杆，在两层华板的下层栏杆蜀柱与盆唇节点处，有展翅欲飞的小白鸽，白鸽口含瓔珞，连接成圆弧线。栏杆上方的六身凭栏菩萨，姿态各异，背景是湛蓝的天空，营造出一派祥和的气氛，将宗教艺术赋予了人情味（樊锦诗《中世纪建筑画》）。隋唐时已在建筑遗址考古中，发掘有石螭首、石栏板等构件出土，最早现存实例，当属隋代赵州桥和五代建造的南京栖霞寺舍利塔上的石栏杆无疑。宋代以后除木栏杆以外，石栏杆的规则与做法已相当成熟，并多为后世建筑所沿用发展。

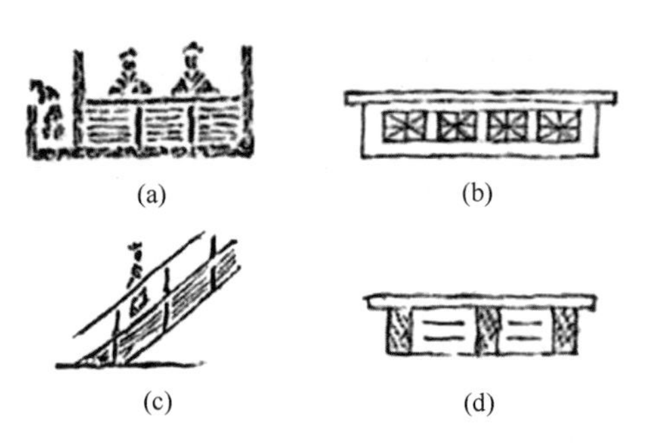

图18-1　汉代画像砖及明器之勾栏

（引自刘叙杰《中国古代建筑史》第一卷）

图18-2　甘肃敦煌莫高窟第158窟中唐壁画

（引自萧默《敦煌建筑研究》）

栏杆的用材以木栏杆、石栏杆唱主角，也有使用砖瓦、琉璃、金属及竹子的。栏杆的种类有很多，计成在《园冶》中已经设计过百余种栏杆图案，选择了100张栏杆图示附于篇后，同时主张“栏杆式样应该信手画成，不断创新，不要拘泥于已有的图样；对栏杆的设计要有取舍，根据需要做改进和变化，只要简洁、方便制作就好”。有木制栏杆、寻杖栏杆、花式栏杆、直棂栏杆等数种之多。“在古代的石刻和绘画中，我们可以看到有一种以简单的线条为主构成的‘寻杖’栏

杆，可以说是最早、最合理和简单的栏杆形式。‘寻杖’除了构造上的作用之外同时还用作扶手，这是不可缺少的杆件”“在成熟了的制式中，寻杖用装饰性的支座承托起来，支座以下就是‘盆唇’，与‘地栿’及‘蜀柱’组成框格，其中填充有各种装饰性花纹的‘华板’。这些原来是木构造发展出来的形状，木栏杆随着木结构而来，应该存在了一个颇长的时期，到了发展石栏杆的时候，就完全以石材来模仿这些木作的形式”（李允鉌《华夏意匠》）。石栏杆的造型与木栏杆大致相同，只是由于栏杆的性质不同，不可能像木栏杆那样采用横竖构件穿插结构，只能在整块石板上雕出各部分构件的形象；也不可能采用通常的水平构件，只能通过单元组合的方式获得连续的整体形象。

图 18-3　台基与栏杆

（初唐　莫高窟 202 窟　南壁，引自樊锦诗《中世纪建筑画》）

图 18-4　菩萨凭栏

（初唐　莫高窟 321 窟　北壁，引自樊锦诗《中世纪建筑画》）

宋代的《营造法式》，始有单勾栏和重台勾栏的形式定制（图 18-5、图 18-6）。两种勾栏都是由一些专门构件所组成，其中主要有三个分件：望柱、栏板、地袱（置于最下层阶条石上的横石）。相对重勾栏而言，因只用一层栏板，故名为“单勾栏”。石栏杆细腻纤巧的雕饰以及秀挺洒脱的韵味，给予建筑物更多的美感。另一方面在园林建筑游廊中，栏杆还有“一物多用”的发展方式。在游廊中，栏杆从扶手的高度降至坐凳的高度，圆形界面的寻杖变成可以坐的板状“平盘”，这就成为“坐凳栏杆”。而园林建筑中近水的厅、轩、亭、阁常在临水的方向设置木制曲栏座椅，带有形如鹅颈曲线柔美的靠背形式，被称为“飞来椅”或“美人靠”，成为最有特色的栏杆种类之一。多少有点诗意的名字，引人遐想倚靠它的年轻女子，栏杆的整体形态之美在此可见一斑。宋代传统的栏杆还有个“另类”，被称为“朝天栏杆”，它出现在沿街商店的屋檐上，使门面陡然增高，加强了装饰作用和“广告效应”。

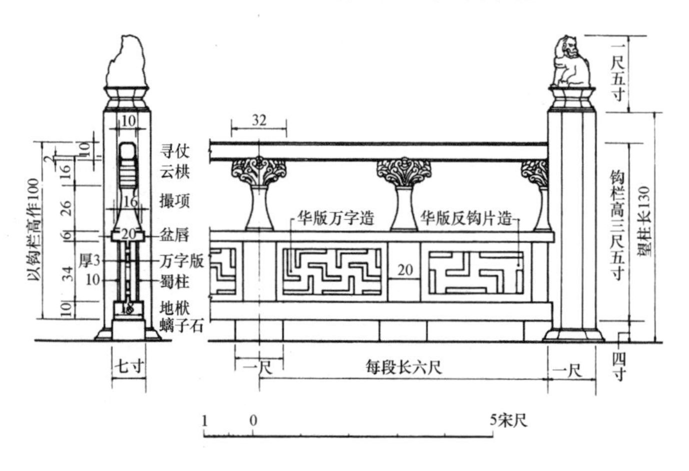

图 18-5 单勾栏

（引自梁思成《营造法式注释》）

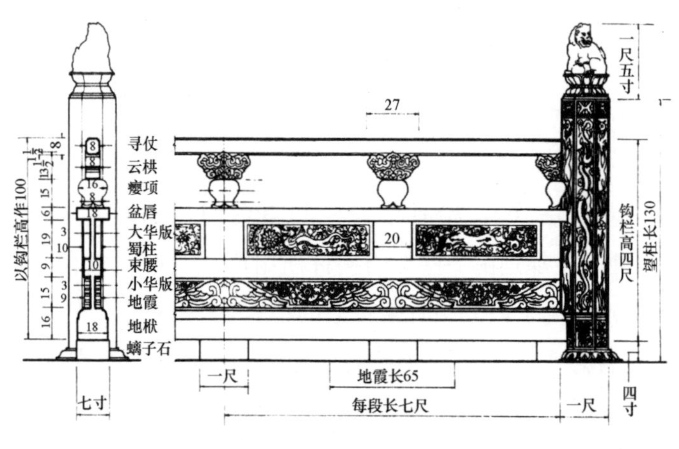

图 18-6 重台勾栏

（引自梁思成《营造法式注释》）

李允鉌《华夏意匠》写到“栏杆”之所以成为中国古建筑主要构件之一，原因就是台基和栏杆有着不可分割的关系，“栏”必然随着“台”而至，台基高了，便要做栏杆，台基形状和构图主要通过栏杆而表现，还有“我们可以想象得到，没有栏杆的天坛和祈年殿，没有栏杆的太和、中和、保和三大殿，这些建筑艺术的杰作马上就会黯然失色”。如清代用来祭天的圜丘，是由同心的三层圆台构成的，并且由三重汉白玉栏杆层层围合加以限定，使之区别于普通的圆台土丘，限定了一种向心力极强的空间而成为等级至高的祭天场所。这种崇高的空间意向之美，非亲身体会不可，非语言表达所能及（图 18-7）。

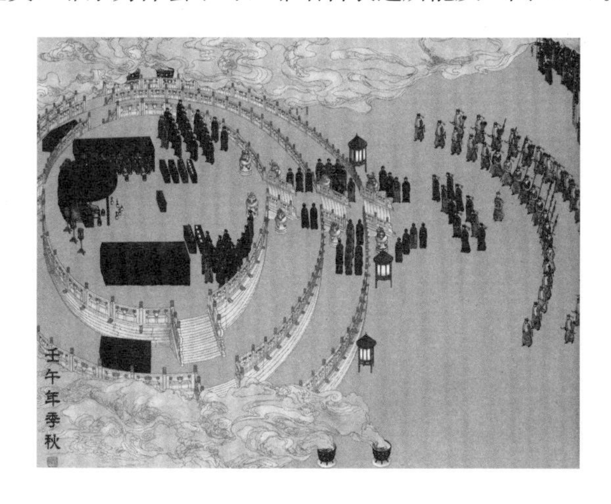

图 18-7　《礼祀图》

（引自《北京古建文化丛书——坛庙》

春秋时期，越国大夫文种，曾向勾践献计：“遗之巧臣，使（吴国夫差）起宫室高台，尽其财，疲其力。”具体做法是，由越国提供精致的玉器栏杆，“婴以白璧，镂以黄金，类蛇龙而行者”。夫差受之，而起姑胥台，“三年聚材，五年乃成”，实实在在使吴国因此“尽其财，疲其力”，财力因此削弱。吴亡，台毁，唯留记载。当年配置的豪华栏杆景况，已无法得知，不过美轮美奂的描述，已足以让人浮想联翩。自《史记·武帝本纪》记载：“黄帝为王城十二楼以候神人于执期”后，“遍倚栏杆十二，宇宙若萍浮”，十二楼以及由此衍化成的十二栏杆遂成为中国古代文化中特定的词语。它先指神仙居处，后成为女子闺阁的代称，继而泛指楼台、画廊、桥梁的护栏（图18-8）。

绮楼画栋的雕栏，舞榭歌台的曲栏，小亭香径的朱栏，抑或是断壁残垣的危栏旁，都倚立着词人的身影。当栏杆走进文学殿堂，在词人的笔下出现时，其内涵就超越了它原本作为建筑一部分的实用意义，成了情感的载体，成为宋词中颇具特色的典型意象。李清照《点绛唇》中“倚遍阑干，只是无情绪”，只是因为千般情绪都被情人带走了，唐婉《钗头凤》中“欲笺心事，独语斜阑”，也表达的是对于婚变的无奈和对旧情人眷恋等复杂情感（图18-9、图 18-10）。往事历历在目，岂容轻抛，千古风流的李后主也凭栏发出了空前绝后的感叹：“雕栏玉砌应犹在，只是朱颜改，问君能有几多愁，恰似一江春水向东流。”而对于历史上那些报效国家的仁人志士，栏杆却成了慷慨悲歌的见证：“落日楼头，断鸿声里，江南游子。把吴钩看了，栏杆拍遍，无人会，登临意。”（辛弃疾《水龙吟》）“怒发冲冠凭栏处，潇潇雨歇，抬望眼，仰天长啸，壮怀激烈”，岳飞一曲《满江红》道出了壮士的几多激愤。

图 18-8　人物故事图

（引自《中国美术全集·绘画篇·明》）

图 18-9　［清］《缂丝侍女凭栏图》

图 18-10　飞阁延风图

（引自傅伯星《宋画中的南宋建筑》）

19 铺首衔环

一般大门的门式由门头、门脸、门斗、门扇、门框及门枕、门槛组成。门扇板上有门钉、门环、门叩等实用性物件。门扇的开合是借助门环而实现的，同时还具有叩门的作用，位置放在门扇的中央，适合人操作的高度上。古人不但注重它的实用性，同时也开始逐渐关注它的艺术性与审美作用，在拉手与门板的连接处增加了底座，称为“门叩”“门钹”“铺首”（图 19-1）。铺首与门环的装饰艺术，使它在供敲门与拉门的实用基础上，通过对其多种职能与样式的演变，融入了多种文化，精美的铺首装饰使大门显得精彩异常，且具有很高的艺术价值。

门饰的起源可以追溯到夏代。南朝宋范晔所撰的《后汉书·礼仪志》中讲“仲夏之月，万物方盛。……夏后氏金行，作苇茭，言气交也”，“苇茭”便是已知最早的门饰品。铺首以威严斥诸视觉，在门饰形式中，包含着丰富的文化内容。铺首有镇守门户，以作驱妖辟邪的作用，如清代《字沽》所说：“门户铺首，以钢为兽面御环著于门上，所以辟不祥，亦守御之义。”铺首兽头，应是由螺形演变而来，其发明权，古人记在建筑业的祖师鲁班名下。关于铺首名称的来历，《后汉书·礼仪志》中说道：“施门户代以所尚为饰。殷人水德，以螺首慎其闭塞，使

图 19-1 铺首

（引自王圻、王思义《三才图会》）

如螺也。”即殷商先民用螺蛳悬挂门户，是要门户像螺蛳壳一样紧闭以避免祸害。东汉《百家书》也有一段记述：“公输般见水蠡，谓之曰：‘开汝头，见汝形。’蠡适出头，般以足画图之，蠡遂隐闭其户，终不可得开……因效之，设于门户，欲使闭藏当如此固密也。”按《尸子》云“法螺蚌而闭户”。鲁班画蠡而创制铺首的传说绘声绘色，更多了几分大众情趣。蠡，即螺也。虽两说各异，实在殊途同归，都取法于螺的闭藏固密，可以说螺蛳是铺首之雏形。

图 19-2 椒图

（引自网络）

椒图，本为铺首上兽面图案的一种，传说为龙九子之一（图 19-2），其性好闭，故成为门上装饰。王实甫《西厢记》剧末“沽美酒”唱词：“门迎着驷马车，户列着八椒图，娶了个四德三从宰相女，平生愿足，托赖着众亲故。”白仁甫《墙头马上》：“你封为三品官，列着八椒图。”似椒图之数，视品级而有定也，说明用兽头铺首是一种门第高贵的显示。杨慎在《艺林伐山》中则把龙生九子的故事写进书里：“龙生九子不成龙，各有所好，……椒图，其形似螺蛳，性好闭，故立于门上。词曲‘门迎驷马车，户列八椒图’，人皆不能晓。今观椒图之名，亦有出也。”因此，有关建筑和门上的铺首衔环，当时应该被称为“椒图”。由商、周人模仿螺蛳，到椒图“形似螺蛳”，形式未变，变化的只是源出。用龙子面孔代替了蠡，较螺蛳更神威，易受人欢迎，这就是所谓的“椒图”。再经过历代发展，人们又引用各种吉祥物图案来做“铺首”。因此有关建筑门上的铺首衔环，也被称作为“椒图”。

学术界普遍认为最早的铺首衔环发现于殷墟青铜器第三期偏早阶段的青铜器上，而铺首的起源则很早，最早可以追溯到二里头文化时期或更

早，甚至在史前时期的部分陶器上都可见其踪迹。《说文解字》金部铺字条下曰："铺，著门铺首也，从金甫声。"段玉裁注曰："捬，各本作铺。""铺"亦指门上装饰。从古代史料来看，铺首指的应该是和建筑相关的门上的构件。而现在所普遍认为的凡青铜器、玉器、陶器上穿环的兽面装饰统称为"铺首"，这是在认识过程中将其概念扩大化了。铺首衔环的使用范围非常宽泛，不仅在很多器物上使用，而且在汉代以后的不少建筑遗迹上也常有发现。依据铺首衔环所依托的载体不同或质地的差异，将其分为九类，即青铜器类、陶器类、漆木器类、瓷器类、画像石、墓门、墓葬棺椁类及建筑大门等。

汉画像石中的铺首是早期青铜器和陶器上铺首衔环的继承和发展，在模仿青铜器和陶器上铺首衔环的同时，也赋予了它新的内容。它综合了许多兽类的特征，在此基础上进行夸张变形，造型凶猛恐怖。它一方面是恐怖的化身，具有一种神秘的威力（图19-3）；另一方面，作为装饰守护在墓门上，起镇邪避凶、保护神的作用。画像石中的铺首衔环不再是单纯的铺首衔环，周围多有其他的动物或人，有些还和建筑放在一起。如河南唐河县石灰窑村西汉墓出土有两幅厅堂与铺首衔环图，两幅画像厅堂中间的凭几旁各有一男一女人物，可能是夫妇，构图优美且巧妙（图 19-4）。

图 19-3 铺首衔环

（引自网络）

图 19-4 厅堂与铺首衔环（二幅）
河南唐河县石灰窑村西汉墓出土
（引自张道一《画像石鉴赏》）

魏晋尤其隋唐以后，瓷器大量出现，并被制作成各种各样的动物形象，上面的纹饰也丰富多彩，多自成一体，有一定的布局和构图，已经很少再用铺首衔环作为装饰。同时，由于各种系、环、钮等在瓷器上使用后，瓷器上的铺首也失去了原有的功能，所以虽然仍有存在，但数量已经很少并且作用也基本上只是装饰的意义了。从这一时期之后，铺首衔环主要发现在各种形制的门类形象之中，如见于真实生活中的建筑物大门上，或者墓门上、画像砖、画像石或壁画中的门类形象之中。铺首成为装饰或威严的象征，衔环则成为叩门的工具。

铺首最早出现在门上的年代，从目前的考古资料看，应该早在春秋战国时期就有。楚都纪南城 30 号台基遗址的建筑遗物中，出土 3 件错银卷云纹铺首衔环式铜门环，从门环铺首用材之高级及制作之精细，以及建筑物室内外完备的排水设施，可以看出该建筑物室内外装修的极其华贵。河北易县燕下都老姆台最有名的金铺首也发现在当时的宫殿建筑遗存中。这件铜铺首衔环采取浮雕和透雕相结合的铸造工艺，铸出七只禽兽、动物和飞禽，造型精美，形象生动，错落有致，形神兼备，是罕见的艺术珍品。

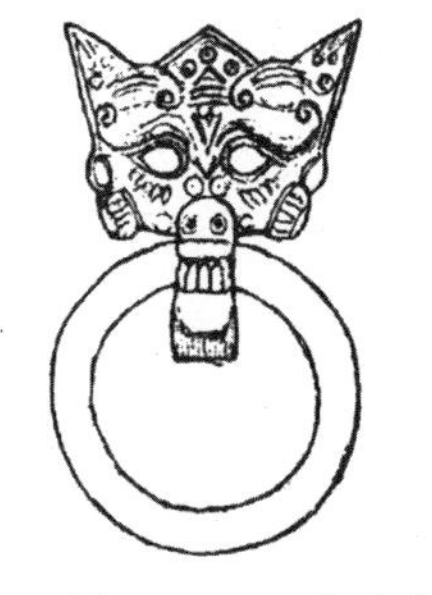

图 19-5 汉代建筑之金属装饰构件
（引自刘叙杰《中国古代建筑史》第一卷）

铺首衔环饰于门户，汉代已是极盛（图 19-5）。《汉书・哀帝纪》载：“元寿元年……秋九月……孝元庙殿门铜龟蛇铺首鸣。”唐代颜师古注：“门之铺首，所以衔环者也。”《汉书·扬雄传》之《甘泉赋》有“排玉户而扬金铺兮，发兰蕙与芎䓖”之句。汉代司马相如的《长门赋》中有“挤玉户以撼金铺兮，声噌吰以面似钏音”，描写叩响门环的情形和玉户金铺的视觉效果。《文选》三国魏何平叔《景福殿赋》“青琐银铺，是为闺闼”，注云：“银铺，以银为铺首也。”《懒真子》曰：“杜牧之《过勤政楼》云：‘千秋佳节名空在，承露丝囊世已无；唯有紫苔偏称意，年年因雨上金铺’”。注云：“金铺，门叩首也。”《汉书·五行志》：“成帝时童谣曰：‘……木门仓琅根。’……木门仓琅根，谓宫门铜锾。”颜师古注曰：“门之铺首及铜锾也。铜色青，故曰仓琅。铺首衔环，故谓之根。锾读与环同。”1983年发掘广州象岗山南越王赵眜墓时出土了不少玉雕精品，其中一件是珍贵的玉铺首，铺首所衔之环，雕成玉璧，颇为奇特。三国时，魏明帝将东巡，怕夏天太热，便在许昌建景福殿，作为行宫。景福殿的门户铺首，尤胜一筹，连小门都是鎏银的铺首。在中国古代，“铜”常被称为“吉金”，因此“金铺”和“铜铺”应都是指的铜铺首。从上述文献中可以看出，在唐代已经出现了“铺首”和“衔环”两个概念，但似乎尚没有将两者合起来称之为“铺首衔环”；迟至明代，人们已经开始使用“铺首衔环”这一称呼了。而器物上的铺首衔环因没有确切的文献资料记载，所以其真实的名称是什么就不得而知了，现在均采用“铺首衔环”这一个称呼。

在古代社会中，建筑有高低之分，大门自然也有大小之别，颜色、材料都有等级规定。《明会典》卷五十九载：“公侯……门用金漆及兽面摆锡环；一品二品……门用绿油及兽面，摆锡环；三品至五品……门用黑油，摆锡环；六品至九品……黑门铁环。”自皇帝以下公侯、一品二品官员能用兽面，三品及以下官员只能用门环，而庶民所使用的门环则称为“门跋”。明清时期我国建筑艺术更加丰富多彩，可以说已经到达成熟时期。铺首作为门上建筑构件，与当时的政治、文化和生活紧密结合，造型的设计、纹饰的制作、艺术风格的表现都与其特定的功能搭配得自然和谐。

如清代宫殿大门上的鎏金铺首，制作规整，狮头看似简单的刻画，却生动传神，于简洁中见精神，和圆形的底座造型结合在一起，显得浑然天成，显示出王权的威严。而民间铺首门饰艺术样式五花八门，各有千秋，更多的是表达美好祝愿和对新生活的向往。事实上，民宅门饰艺术也如诗文一样，很注重内涵，表现题材十分广泛，体现了中国传统文化的深刻寓意。它包括华贵富丽的“蝙蝠门环”、高贵荣华的“佛手门环”、清高淡泊的“浑圆门环”、刚强坚毅的“兽头门环”和“狗头门环”等。如“福寿圆满”铺首门环，巧妙地将四只对头和一只跟进的蝙蝠铁页，包围着方形寿字环衔，衔着圆形铁环，组成一个完整的图案，寓意福寿圆满，幸福长寿。“六合门环”，表现内容是“六合”，谐音为“鹿鹤”，“鹿鹤”相逢，寓意为长寿，它代表了“福如东海，寿比南山”。“花瓶门环”核心内容是“花瓶”的“瓶”字，谐音为“平”，它寓意了“岁岁平安，永远平安”。“葵花门环”，表现内容是“葵花”，取“多子多福，儿孙满堂，财源旺盛”的意思。“祥瑞耄耋”铺首门环，是由两条草龙铁页围盘着猫头环衔，圆环紧叩下边的蝴蝶铁页所组成，谓之“祥瑞耄耋”。“猫”“蝶”谐音耄耋，表达了民间对健康长寿的向往。“兽头门环”以兽怪形状的脸面，作为“门户”镇宅辟邪之形，它在民间流传为驱鬼逐疫。“狗头门环”表现的“犬”号称是“狂犬”，借民间传说中“二郎神”以“狗”降“猴王”的说法防盗贼。铺首作为一种吉祥物表现人们对灵物崇拜的观念，镇凶辟邪，象征着民间祈求安康之气象。

再从“门饰”艺术的形象视觉方面来说，它是形象和情趣的契合。例如“佛手门环”（图 19-6），从它的形象来看，造型优美，气势宏大，仿佛是铁人的拳头拿着门环，显示出一种超人的力量，表达了“佛手门环”的内在意蕴。再如“狗头门环”，从它的形象来看，造型饱满完整，丰富匀称，栩栩如生，嘴含“门环”怒气冲

图 19-6　佛手门环

（引自网络）

冲。这不仅表现了“狗头门环”的体态特征，还渲染了一种蓄势待发的氛围。

总体来说，门文化是中华民族文化的一个缩影。“门饰”艺术所反映的是人们对美好生活的追求与向往，它是宗教、艺术、文化、情感的融合体，隐含了中国传统文化深沉而又含蓄的观念，体现了统治者高高在上的威严和民众朴素的思想情感，使人们有一种强烈的归属感和感染力，是具有中国传统文化价值的建筑艺术遗产。

铺首的艺术风格随着时代而变迁，整体上由神秘庄重逐渐向自由实用过渡。早期，在原始巫文化的影响下，铺首呈现出神秘的色彩。随着封建统治的强化，铺首更多表现出了威严的特点。及至封建统治的瓦解，铺首纹样的使用也不再有严格限制，于是呈现出多姿多彩的特征。铺首将一种精神，在朱漆或黑漆的门扇上展示了几千年，透露着中华门文化的精髓。

20　山云蒸，柱础润

柱础之名起源甚早，《墨子》一书中即记载："山云蒸，柱础润。"据宋《营造法式》第三卷所载："柱础，其名有六，一曰础，二曰礩，三曰舄，四曰踬，五曰磩，六曰磉，今谓之石碇。"梁思成《中国建筑艺术图集》里将柱础分为两部分："其上直接承柱下压地者为础；在柱与础之间所加之板状圆盘为櫍。其用法有二，有有础无櫍，有两者并用者。"柱子底下承受压力的部分叫"础"，而在础与柱子之间常有"踬"的放置，但我们一般所通称的"柱础"包括以上两者。清代亦称之为柱顶石，俗名又叫做磉盘。

柱础石的出现要比柱晚五千年左右，著名古建筑学家梁思成先生认为安阳出土的殷商时期房屋遗址发掘的天然卵石"当系我国最古础石之遗例"，安阳殷商房屋遗址距今也不过三千年左右的历史。先秦时期出土的柱础十分原始，多是未经雕琢的天然卵石，也有稍加整理的天然石块。从柱础的放置位置来看，早期的柱础分两种，各有各的功用：埋于基面以下的，其作用在于承受柱传来的荷载，防止柱子下沉；露在基面以上的，目的在于隔绝地面的水气，防止柱脚受潮腐蚀，亦可保护柱脚不受外力碰损。后世的柱础全都升到地面以上，加工成规整的、利于荷载传播分散的形状，同时具备了防潮、保护、传递荷载的作用。

《战国策》中有："智作攻赵襄子，襄子之晋阳，谓张孟谈曰：'吾城郭完，仓廪实，无矢奈何？'孟谈曰：'臣闻董安于之治晋阳，公之室皆以黄铜为柱础，请发而用之，则有余铜矣。'"《尚书大传》曰："大夫有石材，庶人有石承。"这个时期的遗址发掘出的柱础材料除石制外，还有铜及夯土两种。铜质柱础不但原材料昂贵，而且制作流程及技术要求高，具有很大的局限性。夯土柱础造价低廉，但从抗压、防潮、耐久性方面均不如石材。石柱础来源广泛，性能优越，又可以随意切割打磨雕饰丰富的形制及纹样，适应装饰的要求，逐渐在中国传统建筑柱础中占据了统治地位。早期亦有以横纹的木块为材料者，如现今在鹿港的三山国王庙还保留有两个木制的柱础。

汉代的柱础已有了固定的形制并加以雕饰，有类似覆盆式，也有反斗式，但样式极为简朴。至六朝，自东汉佛教东传之后，受佛教艺术的影响，中国建筑与佛教艺术已开始融合并发扬光大。例如在山西司马金龙墓出土的柱础上，已雕有覆盆莲花及盘龙、人等复杂之纹饰。因此，佛教的装饰艺术对往后柱础的发展产生了重大的影响。到了宋代时，柱与柱础的装饰益趋细致，佛教装饰除与本土建筑融合外，并开创出成熟的风格。

李诫的《营造法式》一书，是总结前代建筑科学技术经验的集大成者。《营造法式》卷三《石作制度》对柱础的形式、比例及装饰手法做了明确的规定："造柱础之制，其方倍柱之径，谓柱径二尺即础方四尺之类。方一尺四寸以下者，每方一尺厚八寸；方三尺以上者，厚减方之半；方四尺以上者，以厚三尺为率。若造覆盆，每方一尺覆盆高一寸，每覆盆高一寸，盆唇厚一分；如仰覆莲花，其高加覆盆一倍，如素平及覆盆，用减地平钑，压地隐起华，剔地起突，亦有施减地平钑及压地隐起莲瓣上者，谓之宝装莲华。"

宋朝以后柱础的式样变化愈多，雕刻也更加庞杂、纤细，重叠反复的形式多见于重要的建筑物之中，重要的殿宇，仍以莲花瓣覆盆式为主要的通行式样。由于一般建筑曾经倾向于复杂和多变华丽，这种风气随即被官方注意和反对，故宋代即有"非宫室寺观，毋得雕镂柱础"的规例，所以柱础雕刻发展则开始着重在宫室及寺庙方面。至于元代，因其民族性格，所以柱础喜用简洁的素覆盆，不加雕饰。明清时则在元的基础上，以简化、单纯的形式稍作雕饰，但图案则崇尚简朴。柱础的形状，清代早期以圆柱形、圆鼓形为主，表面饰以简单的花纹或线条等浅浮雕装饰，均为清代早期的流行风格；清代晚期的柱础，形式和雕饰变化趋于丰富，有扁圆形、莲瓣形、方形等，制作工艺已有相当高的水平。

典型的柱础形式发展可以归纳为两大类，一类是单层柱础，有覆斗式、覆盆式、鼓式、鼓镜式、宝瓶式、瓜形、曾形式、四方形、圆形；另一类是由两种以上不同形式的单层柱础重叠组合而成的复合式柱础，以及各地不同地域特色及民间传统柱础。

宋代或以前柱础雕刻制度，按《营造法式》所载，分为四种：剔地起突、压地隐起华、减地平几、素平。剔地起突将石深凿，剔出主题，全身突起，而以一面附于石面者；压地隐起华雕琢较浅，主题只雕起半面，且以浅代深，显出全部突出之幻象者；减地平几，几如线道画，雕刻花样不起突者，石面上花纹；素平是磨平不加花纹者。雕镂的花纹按《营造法式》有十一品："一曰海石榴花（图 20-1），二曰牡丹花，三曰宝相花，四曰蕙草，五曰方纹，六曰水浪，七曰宝山，八曰宝阶，九曰铺地莲花，十曰仰覆莲花，十一曰宝装莲花（图 20-2）。或于花纹之间，间以龙、凤、狮兽及化生之类者，随其所宜分布用之。"

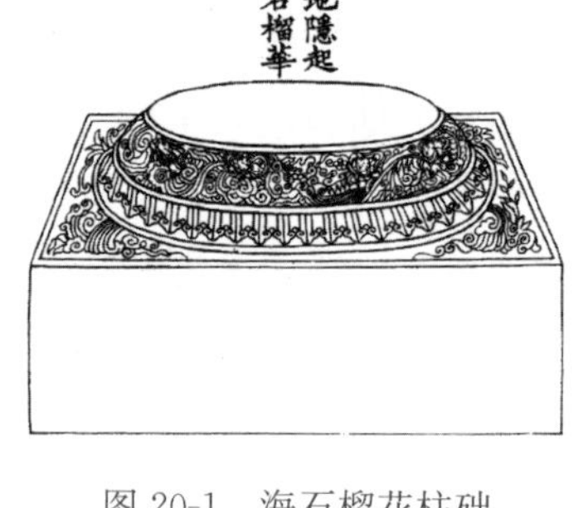

图 20-1　海石榴花柱础

（引自［宋］李诫《营造法式》）

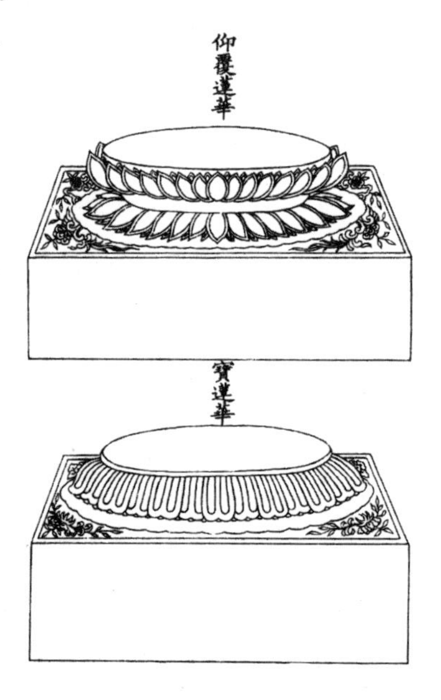

图 20-2　仰覆莲花和宝装莲华柱础

（引自［宋］李诫《营造法式》）

相比之下，民居的柱础及装饰将程式化的官式柱础形式抛弃，有让人大开眼界之处。古代民间的智慧荟萃及民间灿若群星的传奇故事给予民居柱础更多的生气和活力。如"麒麟送子"之类的神话、"三国演义"之类的历史故事，还有与百姓生活紧密相连的生活实物，均见诸民间柱础之上。

柱础的装饰纹样有：莲花纹、宝相花、壮母花、蕙草纹、龙纹、凤纹、连珠纹、云纹、水纹、喜鹊登梅、年年有余、三阳开泰、平安如意、富贵绵长、流云百蝠等，寄托着人们对美好生活的向往。佛教八宝法轮、民间八宝宝珠、道家八宝鱼鼓都是柱础雕饰的常用

题材。山西王家宅院最有代表性的是天圆地方柱础石，雕刻精美，寄意含蓄。该石从上至下分五层精细雕刻：最上层雕有鼓，指“天圆地方鼓在上”，代指“天”；二层雕有锦缎，寓意“锦绣前程”；三层雕有蝙蝠与祥云，寓意“福祥双至”；四层雕有草龙，为“镇宅辟邪”之物；最下层雕有回纹，指“回纹不断，子孙不断”之意。柱础石整体寓意“上有天，下有地，吉祥如意好福气”（图 20-3），各层依次雕刻锦缎花纹、蝙蝠、草龙、祥云，其间的用意不难理解。精雕细刻的天圆地方柱础，仅从其五层的构造来看，已是极尽奢华之能事。

图 20-3　山西王家大院石雕柱础石
（引自网络）

作为传统建筑中最基本的构件，柱础在历朝历代被赋予了层出不穷的表现形式和内容。柱础造型的演变，是古代中国建筑装饰艺术发展的一个缩影，是中国几千年建筑艺术中一个不可或缺的闪光点。

21　古代交通建筑——驿站

“驿站”由来已久，从甲骨文记载来看，在殷商时期已出现有组织的通信活动和驿传制度，在周时已有“周道如砥，其直如矢”的记载，春秋时孔子提出“置邮而传命”。据记述春秋史实的相关资料中多次提到驲、传、驿、馆等事，足见“驿”在当时政治、军事、经济、文化活动中的重要地位。

学术界对于驿的说法不一，《说文解字》中解释“驿，置骑也”；《左传·文公十六年》记载有：“楚子乘驿。”《续汉书》载“驿马三十里一置”，说明驿是置下面的驿骑，而非驿站。驿的本义是古代传递公文、信息的驿马。出于应对时局的动荡和军事斗争的需要，秦汉时期主要用于军事上的快捷、迅速和安全的驿骑逐渐取代邮、亭和置等交通机构，并独立发展为驿站。四川广汉东南乡发现的画像砖中，就有为来往旅客提供休息的穿斗式单层客舍（图 21-1）。魏晋南北朝时期，原有的邮、置已基本消失，驿骑进一步取代邮、置、亭等交通机构，形成驿站，“驿站，掌投递公文，转运官物及供来往官员休息的机构。”（《辞源》）驿站遂成为国家主要的交通机构。据记载：唐代传递紧急公文即“羽檄”，驿马日行 300 里，最快可达到日行 500 里，故唐代诗人岑参（约 715—770 年）在《初过陇山途中呈宇文判官》诗中写道：“一驿过一驿，驿骑如星流。平明发咸阳，暮及陇山头。”（笔者按：咸阳至陇山，当在 200 公里以上）正是对当时邮驿传送速度之快的生动写照。

图 21-1　广汉市东南乡出土画像砖传舍图

（引自高文、王锦生《中国汉代巴蜀汉代画像砖大全》）

在中国古代几千年历史变更中，由于朝代的更迭，朝纲政策的变化，驿站的存在形式和名称发生了较大的变化。根据相关文献资料，与古代驿传制度有关的有“驿”“邮”“传”“亭”，作为“驿站”名称的就有“驲传”“驿传”“亭传”“邮传”“邮亭”“驿亭”“馆驿”“驿楼”“驿馆”“驿舍”“递铺”等多种称呼和字号。

“邮亭”之设始于秦，秦时的“亭”不仅是地方行政机构，而且是通信中继，备膳供宿，用于接待朝廷官员和民间贾旅的综合设施。《楚汉春秋》记载：“五户为伍，十户为什，百户一里，五里一邮，十里一亭，十亭一县。”“凡亭间之道，南北为阡，东西为陌，阡经陌纬。”秦时咸阳一带的“杜邮亭”“枳道亭”以及沛县的“泗水亭”都曾在历史上留有声名，“邮亭”制度一直沿用到魏晋时期。

至唐代各类驿站组织逐步统一，驿基本上取代了旧日的传舍、邮亭。《通典》曰：“唐三十里置一驿，其非通途大路则曰馆，由是通谓之馆驿。”其在通途大道上曰驿，在非通途大路者曰馆，“驿”和“馆”二字开始连用。《唐律》明确规定馆驿只招待公差，持有符券的驿使以及一定级别的官吏。柳宗元在《馆驿使壁记》中描述了唐时的馆驿盛况：“自万年至于渭南，其驿六，其蔽曰华州，其关曰潼关；自华而北界于栎阳，其驿六，其蔽曰同州，其关曰蒲津；自灞而南至于蓝田，其驿六，其蔽曰商州，其关曰武关；自长安至于盩厔，其驿十有一，其蔽曰洋州，其关曰华阳；自武功而西至于好畤，其驿三，其蔽曰凤翔府，其关曰陇关；自谓而北至于华原，其驿九，其蔽曰坊州；自咸阳而西至于奉天，其驿六，其蔽曰邠州。由四海之内，总而合之，以至于关；自关之内，束而会之，以至于王都。”按《通典》记载：唐肃宗时有驿 1587 个。唐代时馆驿遍天下，韩愈有“四海日富庶，道途隘蹄轮。府西三百里，候馆同鱼鳞”的诗句。

两宋以后，各朝均设置了完善的驿站体制。宋人王应麟《玉海》说：“郡国朝宿之舍，在京者谓之邸；邮骑传递之馆，在四方者谓之驿。”《永乐大典》记载北宋“州府县镇驿、舍、亭、铺相望于道，以待宾客”。南宋江南 8 府 47 县，就有递铺 377 处，说明宋时驿、铺遍布极广。北宋时还建有大型馆驿，如专门接待辽使的“班荆馆”，专门接待契丹使臣的“都亭驿”，专门接待交州、龟兹等地贡使的“来远驿”等，为当时国家的迎宾馆，用以接待各国前来的使臣。

明初，驿递发展超过元代。全国要冲，都设有馆驿递铺，铺距相隔 10 里，驿距相隔 60 里。《明会典》载：“自京师达于四方设有驿传，在京曰‘会同馆’，在外曰水马驿并递运所。”水马驿是京外设在驿路上的驿站，分马驿和水驿。而清代的驿站有六种不同的称谓，《光绪会典》曰：“凡置邮，曰驿、曰站、曰塘、曰台、曰所、曰铺，各量其途之冲僻而置焉。”

具有备膳供宿功能的驿站虽远在秦汉以前已出现，但其建筑形制尚未十分成熟，而秦汉驿站的建筑特点却十分鲜明。《风俗通》记载：“汉家因秦，大率十里一亭。亭，留也。今语有亭留、亭待，盖行旅宿食之馆也。”秦汉时期的亭多设于道路两旁的高地上，与民居相邻，只有个别的亭设在城郭附近，其建筑形象、功能和形式都与现在的亭大不相同。《汉书》描述亭的结构大致是“于四角面百步筑土四方，上有屋，屋上有柱，出高丈余，有大板贯柱四出，名曰桓表，县所治夹两边各一桓（即华表）”。《风俗通》中又有“入亭，趋至楼下”“亭卒上楼扫除”等句。可见那时的亭大致是一种建于高台上，平面呈正方形为木结构的“楼”。

到了隋唐时期，邮驿的规模已相当大，是中国邮驿的繁荣时期，馆驿建设也达到了相应的水平，唐代的驿站多临水而建，宏伟壮观。岑参在《题金城临河驿楼》中写道：“古戍依重险，高楼见五凉。山根盘驿道，河水浸城墙。”金城驿楼依重险而修筑，一面是通衢大道，一面是防护堑壕，这种既便利又安全的选址和设计具有很多优越性和代表性。“江畔百尺楼，楼前千里道”（白居易《望江楼上作》），“江畔长沙驿，相逢缆客船”（韦迢《潭州留别杜员外院长》），这些诗句记述了馆驿与道路、江河的关系。杜甫在《舟中》一诗中有“风餐红柳下，雨卧驿楼边”的描述，更是生动地说明了馆驿离水之近。

顾炎武在《日知录》中说：“予见天下州之为唐旧治者，其城郭必皆宽广，街道必皆正直，廨舍之为唐旧创者，其基址必皆宏敞。”描述驿站的建筑极其宏伟壮观。杜甫在唐兴县的县馆中看到，厅堂“崇高广大，逾越传舍。通梁直走，嵬将坠压。素柱上乘，安若泰山”（《唐兴县客馆记》）。一个县级客馆尚且如此，更不用说号称“天下第一驿”的褒城驿了。地处川陕通道褒斜道重要地段的褒城驿，控制着两个节度使的治所，一年来往的宾客、使者不下数百个，“由是崇侈其驿，以示雄大，盖当时视他驿为壮”（孙樵《书褒城驿壁》）。

唐宋时的馆驿建筑，设计精湛，功能布局合理，风格别致，形式多样。《刘禹锡集》中《管城新驿记》中说：“门衔周道，墙荫行桑，境胜于外也。远购名材，旁延世工，既涂宣皙，瓴甓刚滑，求精于内也。蘧庐有甲乙，床帐有冬夏，……内庖外厩，高仓邃库，积薪就阳，……主吏有第，役夫有区，师行者有飨亭，行者有别邸。周以高墉，乃楼其门，劳迎展蠲洁之敬，饯别起登临之思。”可见，唐代馆驿傍依大道，围以高墙，入口是门楼，功能齐全，内部既有供驿丞住的邸，有给驿夫住的房舍，为保证功能的正常运转，馆驿必须配备一定的辅助设施，如厨房、仓库、马厩等。管城驿厨房设在馆舍建筑之间，马厩设在馆舍建筑之外，粮仓高敞，库房深密。柴火放在向阳之处，草料堆在干燥的地方，可谓有条不紊。马嵬驿还配设有佛堂，见罗隐《马嵬坡》一诗：“佛屋前头野草春，贵妃轻骨此为尘。”整个馆驿环境绿树成荫，建筑外观雄伟、内部装修精致。以上这些描述，印证了明代顾炎武说的“廨舍之为唐旧创者，其基址必皆宏敞”。然而，并不是所有的馆驿都是这么宏大豪华，许多偏僻道路上馆驿配置是相对简单的。如“孤驿在重阻，云根掩柴扉”（杜牧《将出关宿层峰驿，却寄李谏议》），诗中的“孤驿”是柴门。又如“废寺乱来为县驿，荒松老柏不生烟”（王建《废寺》），以废寺为驿，想来也好不到哪里去。

隋唐宋元时期，也十分注重美化馆驿的周围环境。王维的《送元二使安西》：“渭城朝雨浥轻尘，客舍青青柳色新。劝君更尽一杯酒，西出阳关无故人。”一场春雨之后，青青客舍，亭亭杨柳，清新爽目，真有点水木清华美不胜收的意境。隋唐馆驿注重追求诗情画意的意境，馆驿常与道柳形影相随，相映生辉。新城馆驿的庭院“门衔周道，墙荫竹桑，境胜于外也”，竹桑沿墙插植，形成荫蔽，园内的美景是园外所无法比拟的。如《读杜心解·唐兴县客馆记》记载，唐兴县客馆的庭院："回廊南注，又为复廊，以容介行人……直左阶而东，封殖修竹茂树。挟右阶而南，环廊又注，亦可以行步风雨"。号称"天下第一驿"的褒城驿，有沼，有舟，有飞鹤，有戏鱼。池沼能容舟船，可见其池沼之大，其游苑之大。羊士谔在《褒城驿池塘玩月》中写道："夜长秋始半，圆景丽银河。北渚清光溢，西山爽气多。鹤飞闻坠露，鱼戏见增波。千里家林望，凉飙换绿萝。"元稹亦在《褒城驿》中写道："严秦修此驿，兼涨驿前池。已种千竿竹，又栽千树梨。"千里奔波的行旅之人，到达馆驿，可以在驿馆的林丛荫绿、水光爽气之中得到休整，一洗风尘，有宾至如归之感。

在唐代馆驿中还建有富有诗意的驿楼，如元稹在《使东川·江楼月》中写道："嘉陵江岸驿楼中，江在楼前月在空。月色满床兼满地，江声如鼓复如风。"驿楼可能作为住宿的居所，李群玉在《广江驿饯筵留别》诗中提及："别筵欲尽秋，一醉海西楼。"驿楼也可能是宴会场所，然而，在多数诗文的描述中，驿楼大多成了登高眺望、思古怀乡的佳处。"流云溶溶水悠悠，故乡千里空回头。三更犹凭阑干月，泪满关山孤驿楼"（韩偓《驿楼》）。驿楼能登高望远，叙别离之情。

柳宗元的《柳州东亭记》道："峭为杠梁，下上徊翔，前出两翼，凭空拒江，江化为湖，众山横环，嶛阔瀴湾。当邑居之剧，而忘乎人间，斯亦奇矣。乃取馆之北宇。右辟之以为夕室，取传置之东宇；左辟之以为朝室，又北辟之以为阴室；作屋于北牖之下，以为阳室；作斯亭于中，以为中室。朝室以夕居之，夕室以朝居之，中室居日中而居之。阴室以违温风焉，阳室以违凄风焉。若无寒暑也，则朝夕复其号，既成。"表明唐时馆驿建筑已能根据日照特点，建成阴室、阳室、中室三种不同风格和用途的屋宇，充分利用自然规律以避寒暑，别具特色。

宋代的馆驿建筑，挥霍奢侈，争奇斗胜，非常考究。嘉祐六年（1061年），苏轼赴凤翔，谒客于凤鸣驿，在其《凤鸣驿记》中有："视客之所居，与其凡所资用，如官府，如庙观，如数世富人之宅，四方之至者如归其家，皆乐而忘去，将去既驾，虽马亦顾其皂而嘶。”绍兴十七年（1147 年）毛开在其《和风驿记》有：“为屋四十二楹，广袤五十七步，堂守庐分，翼以两庑，重垣四周，庖班库厩，各视其次，门有守吏，里有候人，宾至如归，举无乏事。”（图 21-2）修造豪华的馆驿，需耗费大量人力财力。扶风太守修建凤鸣驿，用夫三万六千，用木石二十一万四千七百有奇。然北宋末年，历经战乱，驿舍残破，房倒屋坍，一片凄凉，馆驿建筑甚为卑陋。

图 21-2　北宋《清明上河图》驿站形象

（引自《南京工学院学报·建筑学专刊 1981 年 2 期》）

意大利旅行家马可·波罗认为元代的驿站制度难以用语言来形容，是一种“十分美妙奇异的制度”，他在自己的游记中以十分钦羡的笔调写道：“这些建筑物雄伟壮丽，有陈设华丽的房间，挂着绸缎的窗帘和门帘，供给达官贵人使用。即使王侯在这样的馆驿下榻，也不会有失体面……”在传递公文时，马可·波罗写道：“……从一个步行信差站到另一站，铃声报知他们的到来。因此另一站的信差有所准备，人一到站，便接过他的邮包立即出发。这样一站站依次传下去，效率极为神速。只消两天两夜皇帝陛下便能收到很远地方的按平时速度十天才能接到的消息，碰到水果采摘季节，早晨在汗八里（今北京）采下的果子，第二天晚上便可运到上都，这在平日是十日的里程。”通过这段叙述，我们可以想象得到元朝时候急递铺步行送信的神速。

明时各地驿站规模大小不等，但建筑规格大小相仿，大同小异。一般的馆驿有厅堂、仪门、鼓楼、厢房、耳房、仓库、马房、厨房等，诸多馆驿内还建有神庙，供奉马神、牛神，借神的力量祈求驿站人马的平安（图 21-3）。孟城驿是我国古代南北大动脉——运河沿线的一处重要驿站，早在秦代，已在此筑高台，建邮亭，故有“高邮”之称，明洪武年间，在高邮州城南门外运河东岸建立驿站（图 21-4）。嘉靖年间驿舍毁于倭患，到隆庆年间，才由知州筹款重建，规模是：驿门三间，正厅五间，后厅五间，厢房十四间，前有鼓楼、牌坊、照壁各一座。另有马神祠一座，马棚二十间和佚役住所一处，驿丞的住宅则在驿舍的后面。现状房屋虽多为清代改建，但中路四进仍存原有格局，其中后厅保存着明代构架，正厅柱础亦未更动，其余建筑已非明代旧貌，这个驿站可视为明代州府驿站的代表。而宿迁县的钟吾驿，就只有少量接待用房与厨房、库、门屋而已（图 21-5）。

图 21-3　邸驿

（引自王圻、王思义《三才图会・宫室卷》）

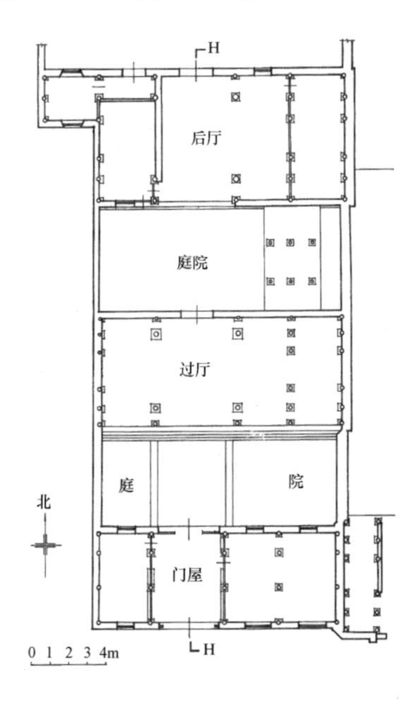

图 21-4　高邮孟城驿图

（引自潘谷西《中国古代建筑史》第四卷）

唐朝堪称中国古代最灿烂夺目的文学诗词王国，在实体消亡、资料匮乏的现代，驿壁文学使我们了解古代馆驿的点点滴滴，保留了中国古代馆驿的若干重要信息，亦体现出其宝贵的历史价值。如孙樵的名作《褒城驿记》、李白的《姑熟亭记》、柳子厚有《馆驿壁记》、刘禹锡《管城驿记》以及众多的题壁诗作等，都是描绘驿馆建设的重要史料。读古人的驿壁诗，不但可以认识当时的驿传制度，馆驿、驿道的布局建设，而且当时的行旅条件、社会的民俗与世情、诗人的心境和意趣等，都可以通过这些诗句得以反映。黄庭坚有《题小猿叫驿》诗："大猿叫罢小猿啼，箐里行人白昼迷。恶藤缠头石啮足，妪牵儿随泪录续。我亦下行莫啼哭。"对于野路风景和行旅苦辛，都有生动的记述。耶律楚材《再过西域山城驿》诗有小序："庚辰之冬，驰驿西域，过山城驿中。辛巳暮冬，再过，题其驿壁。"其诗曰："去年驰传暮城东，夜宿萧条古驿中。别后尚存柴户棘，重来犹有瓦窗蓬。主人欢喜铺毛毯，驿吏苍忙洗瓦钟。但得微躯且强健，天涯何处不相逢。"诗序明确说"题其驿壁"，"山城驿""柴户棘""瓦窗蓬"的"萧条"情景，得到真切的记录。

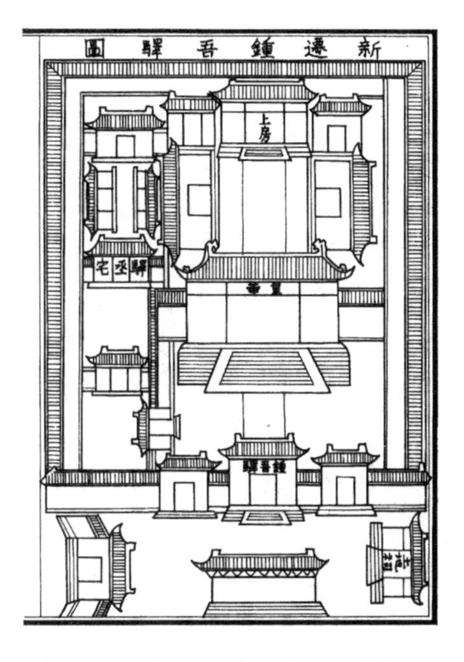

图 21-5 明万历《宿迁县志》驿站图

（引自潘谷西《中国古代建筑史》第四卷）

明代学者胡缵宗在《愿学编》一书中就曾经指出："今之驿传，犹血脉然，宣上达下，不可一日缓者。"作为国之血脉的古代邮驿系统，随着政权衰弱，加上驿道的变迁，邮驿废弛，馆驿的建设几度曾遭到严重破坏。清代中叶以后，随着封建社会制度发展的旧式邮驿，自然也出现许多无法弥补的弊端。由于更为先进的交通工具与传递方式的引进，式微的中国邮驿终于在公元 1912 年被北洋政府全部裁撤，代之以新式邮政。光阴荏苒，退出历史舞台的馆驿建筑消失在人们的视野中，除少数几座明清时期的馆驿如高邮盂城驿、怀来鸡鸣驿等残存外，年代久远一点的馆驿仅仅留下一个个发人幽思的名字而已。

22 古代市政、军事设施——行马

“行马”是古代一种木制用于建筑物周围或门前的空间屏障设施。《说文解字》木部曰：“梐，行马也，从木互声。”《周礼注疏》卷三十七疏曰：“谓行马，所以为遮障，宿者所守卫。”又见同书卷六：“掌王之会同之舍，设梐枑再重。”郑玄注：“梐枑谓行马，行马再重者，以周围，有外内别。”《周礼》：“谓之梐枑，今官府前叉子是也。”《宋史·李周传》：“周设梐枑，间老少男女无一乱者。”由此可知行马与梐枑其实为同一事物不同时期的称呼。关于行马的名称有多种，宋《营造法式》：“拒马叉子，其名有四：一曰梐枑、二曰梐拒、三曰行马、四曰拒马叉子。”行马又称作“拒马叉子”，是两宋以后的称谓，战场上的行马也称鹿角枪、拒马枪。

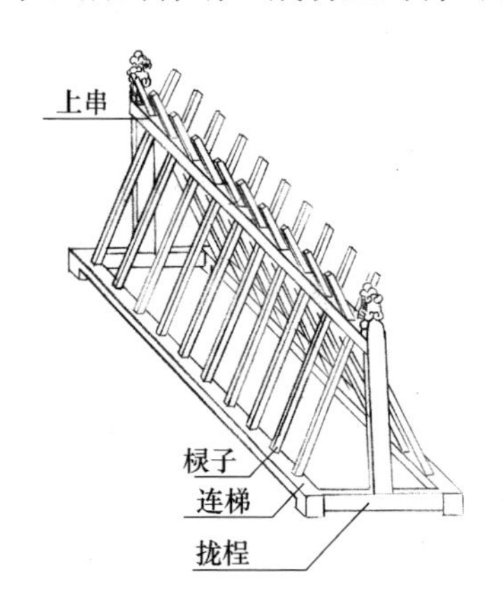

图 22-1 根据《营造法式》绘制的行马

宋程大昌《演繁露·行马》载称：“魏晋以后，官至贵品，其门得施行马。行马者，一木横中，两木互穿以成四角，施之于门以为约禁也。”可知“行马”的材质是木材，《晋书·曹摅传》：“转洛阳令，‘时天大雨雪，宫门夜失行马，群官检察，莫知所在。’……摅曰：‘宫掖禁严，非外人所敢盗，必是门士以燎寒耳。’诘之，果服。”可以燎而取暖，那必是木制无疑了。行马或拒马叉子，制作格式各不尽相同，虽可有高度及细部装饰不同，但其基本形状不会有很大变化。从宋代有关拒马叉子的记述和图像，可约略想见古时行马的形制，李诫《营造法式》卷八也有详细的构造做法（图 22-1）。

“行马”最初是一种军事防御器械，最早可追溯到战国时期。《六韬·军

略》载："设营垒，则有天罗、武落，行马、蒺藜。"同书又载："三军拒守，木螳螂剑刃扶胥，广二丈，百二十具，一名行马，平易地，以步兵败车骑。"所谓"扶胥"，即行马也，其行军施于营之四周者，谓之拒马枪，据此可知行马多见于战场，是一种用于遮障守卫的军事防御设施。古人认为，鹿性情警觉，因此行马作为军事防御设施时又称"鹿角"。《三国志·魏志李通传》："刘备与周瑜围曹仁于江陵，别遣关羽绝北道。通率众击之，下马拔鹿角入围，且战且前，以迎仁军，勇冠诸将。"同书《徐晃传》："太祖令曰：'贼围堑鹿角十重，将军致战全胜，遂陷贼围，多斩首虏。'"足见三国时行马是普遍作为军事防御设施的。较晚的金、宋也多有记载，宋代许洞《虎钤经》："拒马枪，以木径二尺……锐其端，可以塞城中门巷要路。"明代何良臣《阵纪》："广易则用拒马、扶胥、剑刃、蒺藜，倘一时拒马不便，即伐木为鹿角营。"说明行马作为军事设施的功能在历史中是长期存在的（图 22-2、图 22-3）。

图 22-2 康熙南巡图中的行马（局部）

（引自《紫禁城》2014 年 4 月）

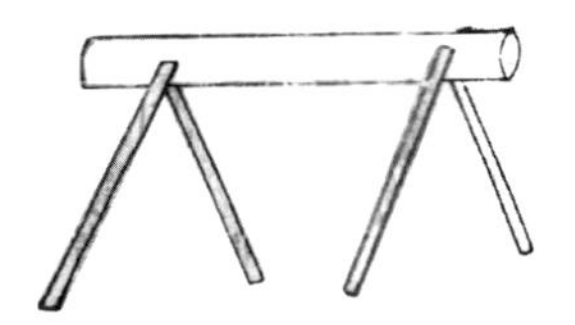

图 22-3 木马子

（引自王圻、王思义《三才图会·器用卷》）

"行马"最早设于宫城、都城门外，相当于围栏，以别内外，或者形容为用木条交叉制成的栅栏，置于官署前遮拦人马。《晋书·列传第十七》："咸上事以为，按令，御史中丞督司百僚。皇太子以下，其在行马内，有违法宪者皆弹纠之。虽在行马外，而监司不纠，亦得奏之。如令之文，行马之内有违法宪，谓禁防之事耳。"东晋南朝建康都城六门外也设有行马，《南史·虞玩之传》记载："永明八年，大水，百官戎服救太庙，悰朱衣乘车卤簿，于宣阳门外入行马内驱逐人，被奏见原。”都门、宫门设置行马，是外部空间颇具特色的重要设施，具有划分空间界限和行为约束的双重功能。当时行马是城门与行马是不可分割的建筑配套设施，事实上行马作为空间屏障的功能比城门更明显、更突出其禁戒观念。

帝王陵墓外也设有行马，以作外墙之用。《后汉书・礼仪志》刘昭注：“明帝显节陵，山方三百步，高八丈。无周垣，为行马，四出司马门。石殿、钟虡在行马内。”当时陵区无土筑垣墙，故而用行马代替垣墙形成简易的屏障设施。《北齐书・高祖十一王传》载：“亮入太庙行马内，恸哭拜辞，然后为周军所执。”说明当时都城太庙门外也有行马。

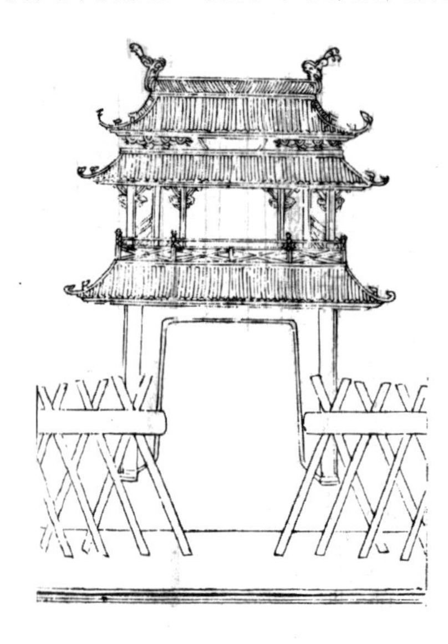

图 22-4　行马

（引自王圻、王思义《三才图会・宫室卷》）

一些官员经过特批，也可以在官府门前设行马（图 22-4），行马多用于朝廷大臣及年老还家的臣子府邸，皇帝特许在门外设行马以示优待，故后世官员门前设行马之例循此，这些用途历代基本沿用。《汉官六种・汉官仪》提到：“光禄大夫，秩比二千石，不言属光禄勋，光禄勋门外特施行马，以旌别之。”《三国志・魏书・文帝纪》：“冬十月，授杨彪光禄大夫。……黄初四年，诏拜光禄大夫，秩中二千石，朝见位次三公，又令门施行马，置吏卒，以优崇之。”《晋书・罗含传》：“年老致仕，加中散大夫，门施行马。”魏晋时期，位次三公，文帝还特批门外设行马，可见行马的规格是很高的，反映其严格的政治等级和特权。官府门前设置行马至唐代更加普遍，而行马也成为官员身份地位的代名词。白居易《题洛中第宅》诗云：“水木谁家宅，门高占地宽。悬鱼挂青甃，行马护朱栏……试问池台主，多为将相官。终身不曾到，唯展宅图看。”李商隐《九日》：“十年泉下无消息，九日樽前有所思……郎君官贵施行马，东阁无因再得窥。”

南宋孟元老之《东京梦华录·御街》：“坊巷御街，自宣德楼一直南去，约阔二百余步，两边乃御廊，旧许市人买卖于其间，自政和间官司禁止，各安立黑漆杈子，路心又安朱漆杈子两行，中心御道不得人马行往，行人皆在廊下朱杈子之外。”又《东京梦华录·大内》：“大内正门宣德楼列五门，门皆金钉朱漆……下列两阙亭相对，悉用朱红杈子。”南宋吴自牧在《梦粱录》中记载南宋都城临安的御道：“大内正门曰丽正，其门有三，皆金钉朱户，画栋雕甍，覆以铜瓦，镌镂龙凤飞骧之状，巍峨壮丽，光耀溢目。左右列阙。待百官侍班阁子，登闻鼓院、检院相对，悉皆红杈子，排列森然，门禁严甚，守把钤束，人无敢辄入仰视。”行马被置于御街是两宋都城城市建制的新特点，行马被广泛地用在都城最高级别的道路御道上，起护道、清道的作用，也反映了宋代街市商业功能的强化。用颜色来区分等级，是这一时期行马发生变化的特点，作为不同等级的标识，最为醒目的方法，莫过于使用颜色。明代方以智《通雅》：“行马，梐枑也，宋谓之杈。宫府门设之，古赐第，亦施行马。今日挡众，宫阙用朱，官寺用黑。”《东京梦华录》：“官司于御廊安立黑漆杈，路心安朱漆杈，是也。（图 22-5）”明代沿用其制，宫阙用朱，官寺用黑，行马的沿革与制度，清晰明了，一脉相承。

图 22-5　南宋无款《春游晚归图》

（引自扬之水《终朝采蓝》）

23　古代防火预警建筑——望火楼

由于我国古代建筑基本是“构木为屋”的，极易起火成灾，造成古代历史上建筑火灾发生十分频繁，因此建筑防火也是古代建筑防灾减灾的重要内容。

中国古代记载火灾的史料非常丰富，西周共和十四年（公元前828年）“大旱既久，庐舍俱焚”（《竹书纪年·卷八》），大约是记载最早的一次火灾。春秋200多年间，仅据《左传》记载各国发生的重大火灾就有14起。《古今图书集成·火灾部》记载了数千起典型的火灾，灾害之频繁，令人触目！如《晋书·明帝本纪》记载，晋明帝太宁元年（323年）三月，“饶安、东光、安陵三县火，烧七千余家，死者万五千人。”《宋史·五行志》记载，南宋嘉熙元年（1237年）六月，“临安府火燔三万家”。

纵观中国古代建筑史，多少雄伟的宫室建筑，美丽的城市村镇都曾经受过火灾的洗劫，化为焦土。毁于火灾的知名建筑更是不胜枚举：秦汉时项羽入关，火烧秦阿房宫殿，大火三月不灭；被誉为“人间天堂”“一切造园艺术的典范”的圆明园亦毁于火灾；清末时期的广州十三行等也都曾毁于天灾

图23-1　毁于大火的广州十三行
（引自（英）孔佩特《广州十三行》）
（a）着火初起；（b）烈火蔓延

或人祸的大火（图 23-1）。中国古代木塔、高屋楼阁建筑毁于火灾者甚多，如著名的江南三大名楼：黄鹤楼、滕王阁、岳阳楼都曾屡屡毁于火灾。

关于火灾问题，早在周代就十分重视，春秋齐国政治家管仲说："山泽不救于火，草木不植成，国之贫也。"（《管子·立政篇》）甚至有人还把火灾与亡国联系起来，如陈国发生火灾，国君未曾积极组织救火，即被人视为"先亡"之国（《左传·昭公十八年》）。可见周人对火灾问题认识之深刻，并把它提到了事关国家贫富和兴亡的高度。

在与火患的长期战斗中，中国古代先人创造了独树一帜的古代建筑防火技术。早在周代为加强对火灾的管理，不仅组建了防火机构，并因此创立制定了严格的防火、灭火制度（火政），而且还设置了一批负责防火的专职官吏。据《周礼·秋官》记载，周代有司烜氏等作火官："司烜氏掌以夫遂取明火于日。"

从现有文献资料分析，秦汉时期还没有建立专门的消防机构。《后汉书》载"执金吾，掌宫外戒司及非常水火之事"。此外，东汉时尚书台中的"贼曹"也负有消防责任，蔡质《汉旧仪》谓二千石曹（贼曹）"掌中都官（即驻在京城的各官府机构）水火、盗贼……"。可见维护京师安全的这些机构，它的主要职责一方面除负责宫殿以外，京城之内的警卫工作，一方面还负有消防（水火之事）的职责任务。汉代的消防组织分布据蔡质《汉旧仪》记："洛阳二十四街，街一亭，十二门，门一亭，人谓之旗亭。"东汉洛阳城这些"街亭"分布于都城各地。唐代京师长安，没有亭，却建有"武侯铺"的治安消防组织，分布于各个城门和坊里。这些治安消防组织受左右金吾卫（掌宫中、京城巡警、烽候、道路、水草之宜）统领，在全城形成一个治安消防网络。总之，宋以前没有专门的火政管理机构，也没有专门的潜火队伍组织，而一般是由负责治安管理的军队承担。宋代火灾较之前代，更加频繁。从不完整的文献记录看，两宋的重大火灾就有 200 余起之多，记录的失火地点，基本上是两京和州府都市。鉴于火灾灾情严重，为防患于未然和救治于已燃，宋代火政特别注重加强对火灾的防范工作，制定了严密的消防法规制度。其防火、救火工作已走向制度化，开始有了主动的、社会化的报警、求救措施。

北宋时期，朝廷建立了中国历史上甚至世界城市历史上第一支消防专业队伍，设置了专门防火、灭火的机构——“潜火铺”。宋神宗熙宁八年（1075年）御批：“斩马刀局役人匠不少，所造皆兵刃。旧东、西作坊未迁日，有上禁军数百人设铺守宿，可差百人为两铺，以潜火为名，分地守宿。”此种防火机构在历史上第一次从防盗、捕贼机构中独立出来。

北宋都城开封的防火组织较为严密，防火设施较为完备。据《东京梦华录》卷三《防火》篇的记载：“每坊巷三百步许，有军巡铺屋一所，铺兵五人，夜间巡警、收领公事。又于高处砖砌望火楼，楼上有人卓望。下有官屋数间，屯驻军兵百余人，及有救火家事，谓如大小桶、洒子、麻搭、斧锯、梯子、火叉、大索、铁猫儿之类。每遇有遗火去处，则有马军奔报军厢主。马步军、殿前三衙、开封府各领军级扑灭，不劳百姓。”

从这段记载中可知，这是一套完整的防火体系。这里的望火楼是消防专用建筑，其功能是专门为火灾报警服务，并建有严格的报警系统，并可及时发现与报告火警。望火楼上常年有铺兵，在楼上轮班昼夜四望，更容易观察到火情的发生。在各厢、坊的军巡捕还设有“探火兵”，发生火警，即刻有“马军飞报”。望火楼下的“官屋”里驻扎的是百余人的国家军队，配备了水桶、火钩、麻搭、铁猫儿等10余种扑救火灾用的器材设备，可随需随用。一旦遇有火灾，望火楼下的军兵，可迅速出动灭火。“清楚地表明，这是一支力量相当充足的，完全由国家建立的公益性的专门扑救火灾的专业队伍。”（张朝辉《宋代火政研究》）从以上分析来看，这套预警防火体系，保证了火灾发生时能够及时出警，形成了较完整的城市消防系统。很显然，望火楼在这个消防体系中起到了极为关键的预警作用。“可以说宋代望火楼这种形式是近代消防站的雏形，望火楼的出现是城市防火发展的重要标志，是宋代城市建设中一个很有意义的创造，它不仅是一个发现火警的设施，在更大的意义上，是一个有效的扑救火灾的机构。它的出现在整个古代消防发展历史上具有重大意义。”（张朝辉《宋代火政研究》）

宋室南渡之初，临安似无望火楼设置，如袁褧记载《枫窗小牍》“临安扑救，视汴都为疏”。南宋京师临安承袭了不少东京消防制度，消防机构更

趋于完备。南宋时设有“防隅官屋”，还配置军巡铺、望火楼等，这些设置点甚至更多，相互配合，形成严密的消防网络系统。据《梦粱录》记载：“市中心每二百余步，置一军巡铺，以兵卒三五人为一铺……及于森立望楼，朝夕轮差，兵卒卓望。”可以看到每二百余步就有一个军巡铺，密度更大，望火楼也遍布城内外，多达二十三个。临安城的防火设施已具有相当的规模。南宋灭亡时随被俘皇帝北上的汪元量在其纪行诗中有“淮南渐远波声小，犹见扬州望火楼”的文字，可见其在南宋扬州城市中作为地标的重要性。

望火楼是宋代两京都城重要的消防用构筑物。宋代的望火楼到今天只怕已经荡然无存了，但当时这种先进的“消防预警建筑”的模式却传承下来。望火楼里的铺兵在望见哪里失火时，报告火灾发生的位置和远近采用“旗语”和“信号灯”的方式。白天用旗帜指明方向地点，朝天门内失火，以三旗指之；朝天门外失火，以二旗指之；城外失火，以一旗指之。晚上发现火警，则以灯笼指示方向与地点。

《左传·定公二年》记载：“雉门及两观灾是也”，天子城门的“观”就具有瞭望火灾的作用。在市井街道设立瞭望设施以维持治安是中国古代早已有之的做法。出土的睡虎地秦简中，“封诊式”就记载有“市南街亭”的驻守官吏“求盗”在亭旁捉住盗马贼。在汉代画像砖中有市亭（楼）、望楼的形象。亭的出现可上溯至商周时期，是国与国之间为了战略防御在边境上设亭，用于观察敌情，传递烽火。后发展为多功能使用，设在交通要道上的亭为驿站、停歇之用；设在城市内的亭一般为行政管理机构具有治安的功用。按照《墨子》“备城门篇”的记载，“百步一亭，高垣丈四尺、厚四尺，为闺门两扇，令各可以自闭”，这里的亭就是城池防守设施的一部分。由此也可以判断，秦简中所记的“市南街亭”，或为设置于秦代城市街道的军事瞭望设施，并具有行政管理和治安等功能。

火警瞭望的制度应起源于军事瞭望，汉代时就出现用于瞭敌的望楼，与北宋东京的望火楼有很大程度的相似性。它经历了从军事瞭望到火警瞭望的发展过程。据张朝辉《宋代火政研究》分析：“因为频频发生火灾，人们在灾难中寻求快速报警的方法，最终将目光对准了瞭望楼，这样它又肩负起火警瞭望的职责，开始兼为火灾报警服务。这种以军事瞭望为主，火警瞭望为辅的瞭望方式，是火警瞭望的最初形式。到了北宋年间，随着火灾的日益频繁，人们开始建造专门的‘望火楼’以满足城市发展的需要，从此火警瞭望作为独立的实体，与军事瞭望分道扬镳。”

宋代《营造法式》中望火楼的做法，有对建造望火楼所需的材料和造价的记载。它是古代工匠对北宋包括都城东京在内的望火楼已有建筑经验的总结，也是官方对新修望火楼的造价参考。《营造法式》在卷十九“大木作功限”部分有专门的条目“望火楼功限”，其内容如下：

望火楼一坐，四柱，各高三十尺（基高十尺），上方五尺，下方一丈一尺（宋代营造尺，一“尺”约合公制 0.309～0.329 米，十尺为一丈）。

造作功：

柱：四条，共一十六功。

榥：三十六条，共二功八厘八分。

梯脚：二条，共六分功。

平栿：二条，共二分功。

蜀柱：二枚；搏风版：二片。右各共六厘功。

槫：三条，共三分功。

角柱：四条；厦瓦版：二十片。右各八分功。

护缝：二十二条，共二分二厘功。

压脊：一条，一分二厘功。

坐版：六片，共三分六厘功。

右以上穿凿、安卓，共四功四分八厘。

从对《营造法式》的条目研究总结可以看出，望火楼总体包含三个部分：“最下面是高十尺的砖砌台基；望火楼主体是由四根三十尺高的结构柱以及相关连系构件（榥）组成的主体部分，上面施以坐版；坐版之上望亭是由角柱、平栿、蜀柱、槫构成的小型木构房屋骨架，上面再覆盖以厦瓦版、护缝和压脊构成的屋顶，最终形成完整的整体形象。除了上述内容之外，还

有两条从台基通到望亭的梯脚。”（刘涤宇《历代清明上河图》）

现存宋代望火楼的图像有南宋《静江府修造城池图》，图中所绘望火楼居于山顶，俯瞰全城，主体由四柱支撑，顶部有平顶小屋，但图像缺乏足够细部。成都早期汉代画像砖中的望楼可以找到一些线索（图 23-2）。四柱支撑的主体结构之上有腰檐平坐层，最上方望楼的屋顶又有斗拱支撑，中间部分的联系杆件有水平与垂直两种形态。而清代城市长卷《盛世滋生图》中的望楼，构件断面较小，疑为竹制，主体结构柱直接支撑屋顶。联系构件除栏杆处以实体栏杆加强联系刚度外，只在栏杆与地面之间、构件居中处做了一道横向联系杆件。同样，由宫廷画师徐扬绘制的长卷《乾隆南巡图》（图 23-3）中，也有多处望火楼的式样。而日本明治时期的望火楼（图 23-4）则以横向木板将四柱间的空间完全围护起来。

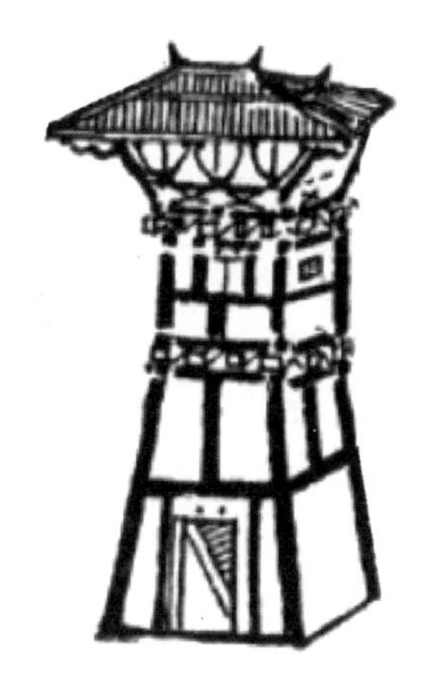

图 23-2　四川成都市出土东汉住宅画像砖中的望楼（局部）

（引自《文物参考资料》1954 年 9 期）

图 23-3　《乾隆南巡图》中的望火楼《入浙江境作图》（局部）

（引自《紫禁城》2014 年四月号）

刘涤宇经过相关研究，在《历代清明上河图》一书中，绘制出《营造法式》记载的望火楼基本平、立、剖面图（图 23-5）。从图中可以看到，望火楼从室外地面一直到压脊顶总高度为 48.15 尺，约合公制 14.8～15.8 米，并指出：“石渠宝笈三编本中所绘的东京城市景观，除城门楼外，再没有其他建筑能够达到如此高度。况且大部分建筑为单层，高度约 15～18 尺。这

图 23-4 日本明治时期的望火楼
（引自《文物参考资料》1954 年 9 期）

样，望火楼在北宋东京就有了一定的标志意义。”

望火楼在北宋东京城市中的布局，据《东京梦华录》记载：“每坊巷三百步许，有军巡铺屋一所”，为传统里坊划分的标准尺度，基本是一里见方。徐松《宋会要》记载，政和六年（1116 年）重建军巡铺屋，“冠以坊名，具绠勺、储水器，暑以疗喝，火以濡焚，书之于籍”也证实了这一点。虽然考古资料与文献记载中北宋东京各坊面积不尽相同，但平均面积大体与此吻合。史料记载，宋哲宗年间接受毕仲游的建议，在每厢设置厢巡检，设置密度为“新城四、旧城二”。由此推断望火楼很可能是厢巡检为完善其救火职能而设置的。而东京最大的新城城西厢下辖二十六坊，如果望火楼居中设置，推断望火楼在北宋东京的分布密度为间隔 5～7 里，数量按照毕仲游的奏疏中厢巡检布局，这一规划布局虽然并不密集，六个已基本覆盖北宋东京的城市空间，在北宋时大部分城区已处于巡捕瞭望的视野范围内。

从秦代城市中的街亭开始，中国古代瞭望设施成为城市中的重要基础设施，是市井中区域性的地标建筑。作为两宋建筑防火体系的重要功能，望火楼的出现是城市防火发展的重要标志，除去其实用性瞭望功能外，从瞭望设施到望火楼建造方式的传承和演变及建筑形态特征和源流考证，有其建筑学上的重要意义。

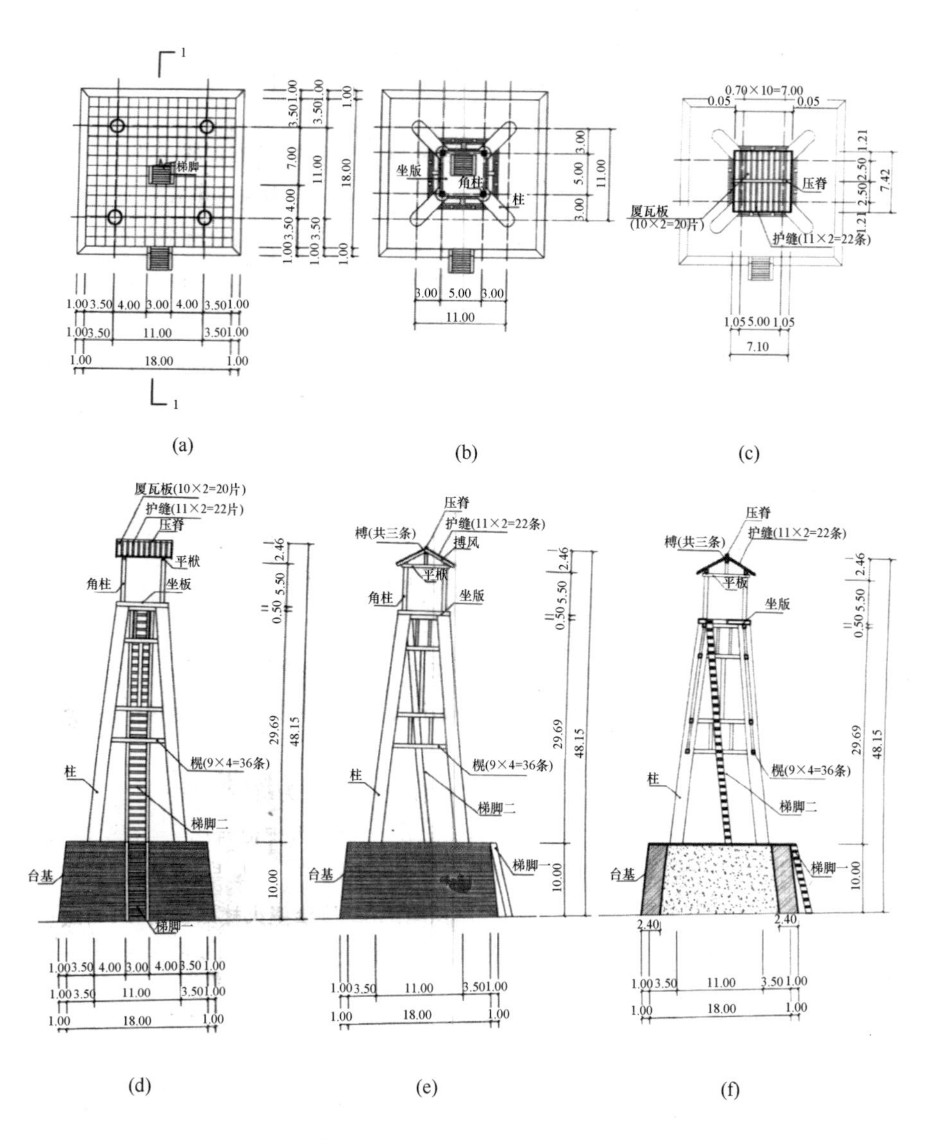

图 23-5　望火楼建筑复原图

（引自刘涤宇《历代清明上河图》）

（a）台基顶平面图；（b）坐版顶平面图；（c）屋顶平面图；

（d）正脊面立面图；（e）山花面立面图；（f）1-1 剖面图

24 宾至如归

《诗经·大雅·公刘》曾记述商中期有一名叫公刘的访问京师的情景和感想："……京师之野，于时处处，于时庐旅，于时言言……笃公刘，于豳斯馆。"庐，寄也；旅，宾旅也。可见商时就出现供旅客居住的场所。《周礼》有"一市二宿三庐"之说，"凡国野之道，十里有庐，庐有饮食，三十里有宿，宿有路室，路室有委，五十里有市，市有侯馆，侯馆有积。"而且"列树以表道，立鄙食以守路。"其中侯馆是规格最高、规模最大，并坐落在比较热闹的集市中。

《说文解字》曰："馆，客舍也。"《辞源》"馆"条："馆，客舍，止宿，寓舍；房舍的通称。"《开元文字》云："凡事之宾客馆焉，舍也，馆有积以待朝聘之官是也。客舍，逆旅名，侯馆也。公馆者，公宫与公所为也。私馆者，自卿大夫以下之家。""侯馆"是可以观望的楼，是接待行旅、宾宿食客的馆舍，泛指接待过往官员或外国使者的馆驿。"公馆"是指诸侯的离宫别馆或公家所建造的官舍，"私馆"引申指卿大夫的住宅。

"馆"是中国古代旅馆名称之一，春秋战国时期，"馆"已发展成为官办的，用作接待各路诸侯之场所。《左传》记载："庄公元年秋，筑王姬之馆""襄公三十一年，……筑诸侯之馆""……以崇大诸侯之馆，馆如公寝，库厩缮修，司空以时平易道路，圬人以时塓馆宫室。"春秋战国时期，列国之间"朝聘"、诸侯间盟会频繁，拜天子、结盟友，小国朝贡大国盛行，因此，王姬之馆、诸侯之馆则大为盛旺。当时晋国的"箕馆"、鲁国的"重馆"、赵国的"陶丘之馆"都曾是很有名气的古代宾馆。赵国在陶丘所设的馆舍名气之大，以至今天的"馆陶县"以此命名。《左传》中详细记载郑伯子产使晋，驱车破墙而入晋国宾馆，并以"崇大诸侯之馆""宾至如归"道理说服晋侯筑馆建舍去"赢诸侯"。春秋战国时期，名门贵族纳贤养士成为时尚，各种

接待文人养士的“养士馆”“传舍”（图 24-1）相间出现，并具一定规模。孟尝君的“传舍”分为高级的“代舍”、中级的“幸舍”和低级的“传舍”三等以接待不同身份的雅士食客。

图 24-1　传舍图　沂南汉画像石墓中室南壁

（引自《终朝采蓝：古名物寻微（扬之水）》）

中国古代民间最早的商业性旅馆“逆旅”在春秋战国时期得到繁荣和昌盛。这在论及春秋战国文献中多有出现，《庄子》：“晋阳处父过宁，舍于逆旅”“阳子之宋，宿于逆旅”；《史记》：“使人微随张仪，与同宿舍，稍稍近就之”；《韩非子》：“商君亡至关下，欲宿客舍”，这里提到的“逆旅”“客舍”和“宿舍”都是以营利为目的的民间旅馆。《逸周书·大匡》写道：“于是告四方游旅，旁生忻通，津济道宿，所至如归。”寥寥数语，高度概括了当时旅馆的发展情况。

汉以前，中国古代民间旅馆仍局限于王城之外以及交通沿线地点。由于汉代城市商业化，而使民间旅馆渐入城市，“谒舍”就是其中之一。《王莽传》曰：“宿客之舍为谒舍”，《汉书·食货志下》有：“方技商贩贾人，坐肆列里区谒舍”。“里”为汉代城市内街巷，汉长安的各个区都设有谒舍招待商旅。晋人潘岳在《上客舍议》为我们描述了魏晋南北朝时旅馆发展的概貌：“连陌接馆”“公私满路，近畿辐辏，客舍亦稠。”魏晋时期旅馆的特点是民间旅馆特别发达，曹操为促进贸易和繁荣经济，鼓励、支持发展民间旅馆，主张“逆旅整设，以通商贾”，设立“客馆令”。刘备也“起馆舍，筑屏障”，用于接待官吏、商旅者。吴国也大力发展交通驿道的“邮亭”和“传驿”，从而促进了三国旅馆的大发展。

东晋南北朝时，长江流域经济发展迅速，商业繁盛。当时史称“市廛列肆，埒于二京”的政治、经济中心建康（今南京）盛况空前，城市旅馆很多。梁朝仅梁武帝之弟肖宏一人在建康城内就开办招待各路商客的“邸店”几十座。有权势的王公贵族和官吏巨贾的私有旅馆从此就逐渐在城内靠近市场的繁华地带大量出现，并开始成为现代商业旅馆的雏形。私营旅馆获利之厚，使超尘脱世的佛门弟子也为之眼开，利用寺庙建筑兼营“旅舍”的情况从南北朝开始也日渐普遍。佛寺大多建在人烟稀少处，寺院“寮舍”“客舍”的出现，无疑是对民间旅馆分布不均的一大补充。北魏时，“四夷馆”建在永桥以南、伊洛之间，分布于御道两侧，“青槐荫陌，绿柳垂庭”，御道东侧分设四馆：“金陵馆”专纳南朝来宾，“燕然馆”专接北夷来客，“扶桑馆”迎送东瀛使者，“崦嵫馆”招待西域商旅；御道西四馆为归正、归德、慕化、慕义，分别接待“百国千城之宾”。

隋唐在城郊还建有接待外国使臣和各地使者的“四方馆”，隋的“四方馆”建在洛阳建国门外，唐的“四方馆”则建在都城汴梁内。就民间旅馆而言，由于贸易发达，商旅必多，民间旅馆也就必然兴旺。唐时出现了外籍商人在各大城市开设私人旅馆，开创了外国商人在中国创办旅馆的先例。《太平广记》载“俟子于西市波斯邸”（长安）；“卢生乃与一柱杖，曰：将此于波斯店取钱”（扬州）。

“旅馆”一词最早见于南朝，属于民间开办的旅店。南朝诗人谢灵运在《游南亭》诗中有：“久痗昏垫苦，旅馆眺郊歧。”到唐代，“旅馆”大量出现。高适的《除夜作》诗有：“旅馆寒灯独不眠，客心何事转悽然。”杜牧在《旅宿》诗中也有“旅馆无良伴，凝情自悄然”。唐代“大历十才子”之一的耿湋在《下邽客舍喜叔孙主簿郑少府见过》诗中的“萧条旅馆月，寂历曙更筹。不是仇梅至，何人问百忧”，也描述了唐时民间“旅馆”的出现与发展。除旅馆外，民间开办的馆还有“侯馆”。韩愈的“府西三百里，侯馆同鱼鳞”，从另一个侧面说明了当时民间旅馆的繁盛。尽管民间旅馆发展迅速，但仍供不应求，唐都长安，住宿设施一度曾比较紧张。如白居易初到长安谒见顾况，顾即以“长安居大不易”告之，白居易在长安长期无住所，故有“游宦京都二十春，贫中无处可安贫，长羡蜗牛犹有舍，不如硕鼠解藏身”的感叹。

孟元老《东京梦华录》记载：“州桥东街巷迄东，沿城皆客店”，释道潜《归宗遭中》：“数辰竞一夕，邸店如云屯。”是宋时民间旅馆旺盛发达的概括。流动人口的急剧增加，促进了临安旅馆业的迅速发展，与当时的商店一样冲破了旧坊市分制的禁锢，移向街头，四处遍设，并有旅店、邸舍、旅邸、客邸、馆舍等多种称谓。按文献记载，东京旧城东南角汴河沿岸一带是邸店中心区，因为这里交通便利，又与东京城最繁华的商业区相连，故如《东京梦华录》卷三中所说：“东去沿城皆客店，南方官员、商贾、兵级皆于此安泊。”《清明上河图》中所绘邸店盛况，也恰是这一地带，图中所绘沿河之处，两岸邸店甚多，均为旅客歇息之处，其中一家邸店书有“久住王员外家”字号，其房屋高大，院落深邃，楼上有一人正端坐读书，似为进京赶考的举人客居于此（图24-2）。在风景区旅舍也不少，脍炙人口的“山外青山楼外楼，西湖歌舞几时休”诗句，就是南宋诗人林升题写在西湖边的邸舍墙壁上的。宋时官办旅馆除了用于接官吏使臣的“政治旅馆”外，还有一些属于朝廷开办的盈利性的“官屋”。

图 24-2 《清明上河图》邸店

（引自王树村《中国美术全集》）

元时“馆”多为民间开设、供商旅居住的旅馆。《马可·波罗游记》曾对元朝的“馆”有过不少的描述：“从汗八里城，有通往各省四通八达的道路，每条路上，……每隔 40 或 50 公里之间，都筑有旅馆，接待过往商旅住宿……”“每个城郊都在离城一里路的地方设置专供世界各地来的商人居住的高级的‘蛮夷馆’……”《南浦驿记》也有：“远近纵横，经纬联络，旁午皆置馆舍以待往来。”足见元时民间旅馆之兴旺。

明洪武年间改南京公馆为“会同馆”，永乐年间改顺六府“燕台驿”为北京“会同馆”，“专以止宿各处夷使及王府公差、内外官员”。北京“会同馆”设有南北两馆，有客房 763 间，有馆夫 400 名，为当时世界上屈指可数的官办大宾馆。清在城镇内的官办旅馆称“馆”。京师“会同馆”既是驿传管理机构，又是接待各路使臣的宾馆。专门对外的“会同馆”设有“俄罗斯馆”“高丽馆”以及“越南”“缅甸”等馆。“会同馆”虽仿明代之体制，却无明代之盛况。

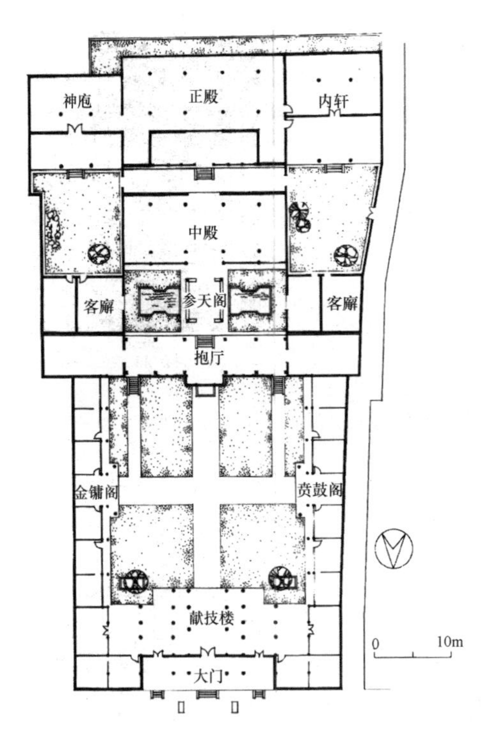

图 24-3　自贡西秦会馆

（引自孙大章《中国古代建筑史》第五卷）

“会馆”是明朝另一种形式的民间旅馆（图 24-3），王日根《乡土之链——明清会馆与社会变迁》中提到“会馆形成于明永乐年间，发展于明中叶嘉靖万历时期，鼎盛于乾康之际”。明清会馆，不仅有地区性会馆，而且还有行会性会馆。北京的地区性会馆主要接待赶考的各省举子，行会性会馆主要接待各地商人。全国凡工商业较发达的城市均遍设会馆，以使外地商人“住宿有所，贮物有仓”。北京会馆最多时达数百座，大部分坐落在宣武门外到前门一带。苏州从明万历开始发展，会馆多时达九十余座。查揆《燕台口号一百首》“长安会馆知多少，处处歌筵占绍兴”就是明清时期会馆尤多的最好写照。

计成《园冶》曰："散寄之居，曰'馆'，可以通别居者。今书房亦称'馆'，客舍为'假馆'。"散寄之居为临时住所，假馆为临时借住的。而用在园林建筑中的馆，可大可小，布置随意，具备眺望、起居、宴饮等功用。如圆明园的杏花春馆、颐和园的听鹂馆都是很大很好的建筑，位置在高爽的地方；如拙政园的玲珑馆，与几座建筑一起组成一个庭院；如留园的五峰仙馆，与周围的建筑物相互联通，西北角有耳室"汲古得绠处"，前庭东南为"鹤所"，西为"曲溪楼"，由此组成一个院落。

《汉书·公孙弘传》曰："于是起客馆，开东阁以延贤人"，也是客馆的一种。此外还有关于文教方面的馆，像唐代的修文馆、专修国史。宏文馆、崇史馆、崇贤馆等掌理图籍、讲论学术。宋代的崇文馆等亦是文教方面的建筑，后世教小学的学校也叫学馆。"总之馆是有管待客人的意思，而不是主人起居的地方。"（刘致平《中国建筑类型及结构》）

先秦旅馆建筑以庭院形式为多见，以墙垣环抱，《左传·襄公三十一年》记载："子产使尽坏其馆之垣，而纳车马焉。""敌国宾至，关君以告，行理以节逆之，候人为导。卿出效劳，门尹除门……虞人入材，甸人积薪……"《国语》这段描写勾画出了旅馆前后台工作的状况，这种建筑既形成一个独立的整体结构，又造成与外界分隔的安全空间。庭内分设宫室、库厩膳宰等场所，并有了前台和后台的粗略划分。这种庭院式建筑风格影响了中国旅馆设计好几千年之久，至今仍可以见到类似的旅馆建筑。

隋唐宋元时期旅馆注重装饰，力求"精于内"。《管城新驿》载："远购名材，旁延世工，暨涂宣皙，瓴甓刚滑，求精于内也。蘧庐有甲乙，床帐有冬夏……"元时的馆驿装饰备受马可·波罗的称赞："……这些建筑物宏伟壮丽，有陈设华丽的房间，挂着绸缎的窗帘和门帘，供给达官贵人使用，即使王侯在这样的馆驿里下榻，也不会有失体面……"。而唐代旅馆建筑风格雄健，其屋顶坡度平缓，支撑的斗拱比例较大，壮阔有力，造型简洁；红漆的柱子较粗壮。《唐兴县客馆记》中记载："崇高广大，逾越传舍。通梁直走，嵬将坠压。素柱上承，安若泰山。"崇高广大、气势非凡的"雄健"建筑风格跃然纸上，整体建筑显得庄重、朴实、宏伟。

宋元代的旅馆建筑没有唐朝那种宏伟庄重的风格，而以精美秀丽见长。《洛阳名园记》说：“……西南有台一区，尤工致，方十许丈地，而楼横堂列，廊庑回缭，阑楯周接，木映花承，无不妍稳，洛人目曰：‘刘氏小景’”。虽宋代旅馆建筑规模和气度不及唐代，但宋代的建筑从文化和艺术方面来说又具有唐代所不能及的许多新特点，“一夕轻雷落万丝，霁光浮瓦碧参差。有情芍药含春泪，无力蔷薇卧晓枝”，这就是宋代旅馆建筑的形象，既豪华又小巧；既有自然之美，又有雕琢之巧；既反映出宋代社会形态的气质，又反映出当时的文艺观和审美情趣；既体现了宋人的精湛工艺，又显露出当时的技术进步与发展（图 24-4）。

图 24-4　［元］山西永济县永乐宫壁画中的旅馆形象

（引自《南京工学院学报·建筑学专刊》1981 年 2 期）

明清两代，建筑基本上都沿袭旧制，很少创新。但由于有大量的古代建筑作典范，可以兼收并蓄，所以随着旅馆市场的成熟、旅馆经营的发展和旅馆设施的完善，旅馆建筑功能也趋于齐全和完善。明代张岱《陶庵梦忆》描写了这样一家客店：“客店至泰安州，不复敢以客店目之。余进香泰山，未至店里许，见驴马槽房二三十间；再近，有戏子寓二十余处；再近，则密户曲房，皆妓女妖冶其中。余谓是一州之事，不知其为一店之事也……计其店中演戏者二十余处，弹唱者不胜计。庖厨炊爨亦二十余所，奔走服役者一二百人。下山后，荤酒狎妓惟所欲，此皆一日事也。若上山落山，客日日至，

而新旧客房不相袭，荤素庖厨不相混，迎送厮役不相兼，是则不可测识之矣。泰安一州，与此店比者五六所，又更奇。”泰安州不是大州县，也不是大都会，但地处东岳泰山的脚下，作为专门接待上山的香客和游客的旅馆，其建筑规模与水准竟非一般旅馆可以相比。它设有多种旅游服务项目，如席贺、演戏、弹唱、狎妓等，所以其建筑功能除了一般的客房、槽房、伙房、客院、厩厕等以外，还有开展上述服务项目的功能空间，有人用“大妇能歌小妇舞，旗亭美酒日日沽”来形容当时旅馆生活的情形也就不难理解了。

康熙年间广州成为清朝对外贸易的唯一港口，清政府设“十三行”管理对外贸易。康熙开放海禁后，专门服务外国商人食宿和贸易业务的“十三行商馆”出现。“十三行”在明朝广州“怀远驿”旧址旁建造房间一百二十间，供外商食宿和存货，称商馆，亦称“夷馆”和“洋馆”。“十三行商馆”采用租赁制，商馆以包租的形式提供给外国商客食宿、存货和开展贸易活动，并按租赁使用人的国籍而设立诸多分馆，如广州十三行商馆就有“荷兰馆”“美国馆”“法国馆”等。商馆可以说是中国最早的西式旅馆，这些商馆的建筑都是西洋式，其结构“有若洋画”“中构番楼，备极华丽”“每个商馆都有几横排楼房，从一条纵穿底层的长廊通入，通常底层都作库房、华籍雇员办公室、仆役室、厨房、堆栈等之用，上一层包括账房、客厅和饭厅，再一层是房客卧室。”此外，各个商馆还有花园和运动场。商馆内部的设备也极其华丽，据美国马士《中华帝国对外关系史》记述，“1832年元旦的一次宴会中，在英国商馆的宽敞饭厅里，席面上坐了一百位客人”，商馆内部的宽大堂皇由此可见一斑。康熙雍正年间，有人作诗描述外商居住商馆为“碧眼蕃官占楼住，红毛鬼子经年寓，濠畔街连西角楼，洋货如山纷杂处”（《澳门经略》）。1840年第一次鸦

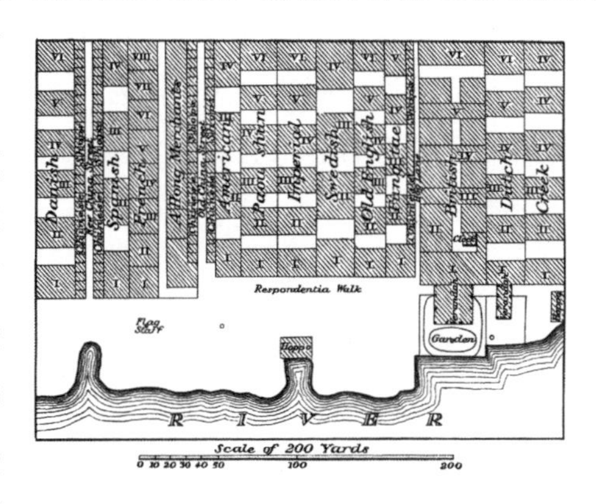

图 24-5 清初广州“十三行”商官分布

（引自（英）孔佩特《广州十三行》）

片战争以后，广州商馆遂废（图 24-5～图 24-7）。

图 24-6　广州“十三行”
（引自（英）孔佩特《广州三行》）

图 24-7　广州“十三行”西班牙行立面
（引自（英）孔佩特《广州十三行》）

在长达几千年的漫长发展过程中，中国古代旅馆历经沧桑，规模虽时有扩大，装修技艺日趋精致，但没有质的飞跃，一直停留在低层、院落式组合的格局中，客房内只有简陋的用具，设施、设备落后。中国古代旅馆建筑虽于唐宋时期在世界旅馆建筑中颇负盛名，但随着西方经济和技术的崛起，明朝以后，中国古代旅馆建筑不管在规模上、结构上、工艺上、装饰上都大大落后于世界水平。明清两代，作为“馆”形式之一的会馆，可以说是遗存最多的旅馆了，有名的川陕会馆全国各地就有上百家之多，有关论著颇丰，这里就不赘述了。

25 三里之城、七里之廓

何谓城？《释名》曰：“城，盛也，盛受国都也。”《说文解字》释为：“城，所以盛民也。”城在周代亦称为“国”“国字即或字，或字象形以戈守土，国与土义同，国象形，土象意，故国与城意义也同。”(董鉴泓《中国城市建设史》)《考工记》说：“匠人建国，水地以县。”宋玉《对楚王问》云：“国中属而和者数千人。”这里所说的“国”均指城，在诸侯林立的先秦时代，国就是一城而已（图 25-1)。《管子·度地篇》记载：“内为之城，外为之廓。”(图 25-2)《墨子》训为：“城者所以自守也。”依已知文献与考古发掘，周代帝王诸侯的城市，大都有两道或者更多的城墙，并将全城分为内城与外廓两大部分，所谓“筑城以卫君，造郭以守民”(“郭”也作“廓”，编者注)，其职能是十分明显的，可见廓比城大，或城在廓内，其本质意义是一致的，就是防御及守卫。

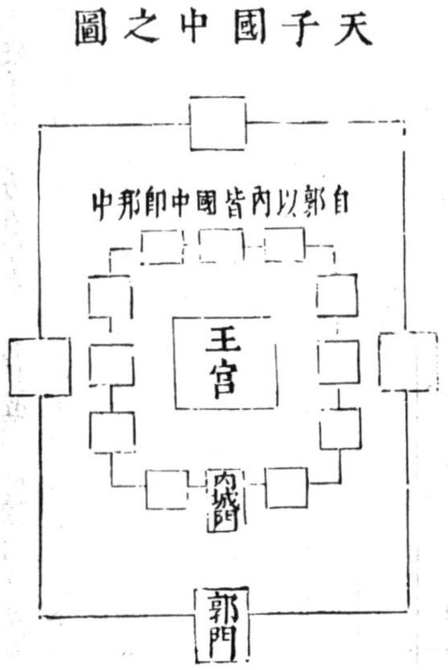

天子國中之圖

自郭以内皆國中即邦中

王宫

内城門

郭門

图 25-1　天子国中之图
（引自王圻、王思义《三才图会·地理卷》）

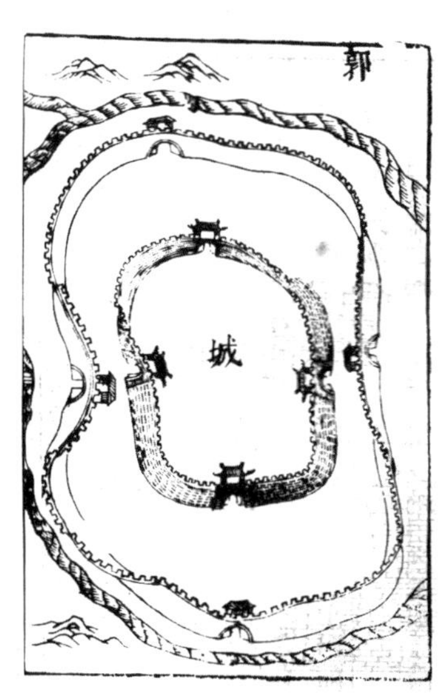

图 25-2　城、廓
（引自王圻、王思义《三才图会·宫室卷》）

城与廓都是古代都城的重要组成部分，然而最初的城常常只有一道夯土城墙，其作用既卫君，又守民，并无城廓之分。周公营建成周，开创了“城廓连接”的形式。但是，西周时期诸侯因属周天子的下属，都不能采用成周王都的规划，直到春秋时代，随着周天子权力衰微和诸侯国力量的膨胀，一些中原诸侯国开始采用这种布局。战国时期，这种布局逐渐得到推行，除了楚都郢始终只有一个城，其他各国的都城差不多都采用了既有“城”又有“廓”的布局。

在春秋战国的都城中，“城”（又称宫城）面积较小，“廓”面积较大，因此，“廓”又称为“大城”。许多都城是大小两城相依，大部分城位于廓西南侧，占其一隅，也有部分都城是两城并列。有些城采用城中套城的方式建筑，城造在廓的中心，廓完全包围着城。二者的居住对象与职能分工明确，城是国君、贵族和大臣的居住办公之地，廓则是一般百姓居民区、工商业区和墓葬区。这种形式在当时尚不普遍，但它更能保障统治者的安全，逐渐为各国所仿效。汉代后，城与廓分开的形式被淘汰，只有廓包城这种形式了。秦汉至隋唐是中国都城布局趋于成熟定型的时期，至隋唐时期，后世都城布局的基本形式皆已形成。随着商品经济的发展、阶级分化，只有在封建社会专制皇权唯我独尊的思想指导下，才逐渐形成内城卫君、外廓守民的布局格式。从职能来分析，古代都城布局证明内城是保卫君主的，而外廓用于抵御外敌入侵。《考工记》曾对周代王朝作如下之叙述：“匠人营国，方九里，旁三门。国中九经九纬，经涂九轨。左祖右社，前朝后市，市朝一夫。”这一理论构成了我国传统都城布局的主要思想，并给出了中国古代都城结构规范方整、中轴对称的“礼制”模式。但历代统治者由于都城地理条件的差异，旧城与新城之间的冲突与协调等，很难完全依照“周王城图”的理想模式营造。《管子 • 乘马》所说的：“凡立国都，非于大山之下，必于广川之上；高毋近旱，而水用足；下毋近水，而沟防省；因天材，就地利，故城廓不必中规矩，道路不必中准绳。”给出了城市规划紧密与天文、地形、环境相互结合的规划原则。

古代城池的取形大都采用方形（图 25-3），历代都城几乎无一例外。如汉唐长安城、东都洛阳城、曹魏邺城、元大都、明清北京城等，城四周每边开三门。府、州城（图 25-4），每边开二门，呈井字形道路系统，如太原、安阳、宣化等。州县以下的小城也十之八九是方城。

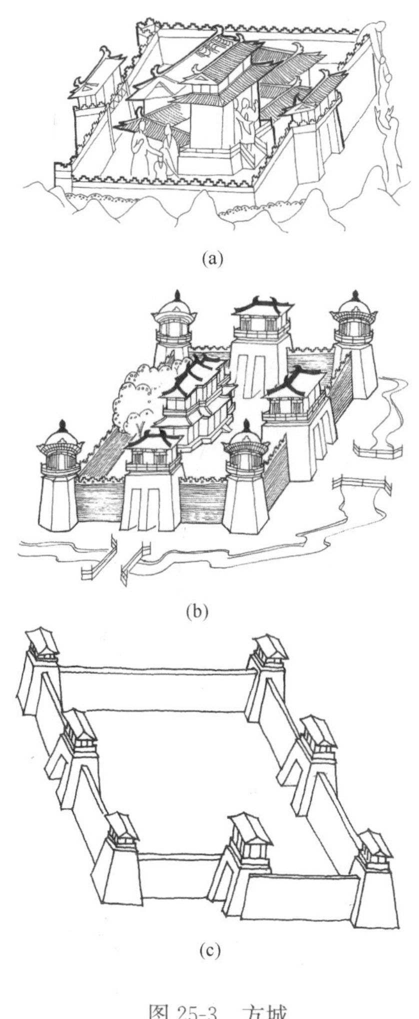

图 25-3　方城

（引自萧默《敦煌建筑研究》）

（a）方城（北周第 296 窟）；（b）方城（晚唐第 85 窟）；（c）方城（晚唐第 9 窟）

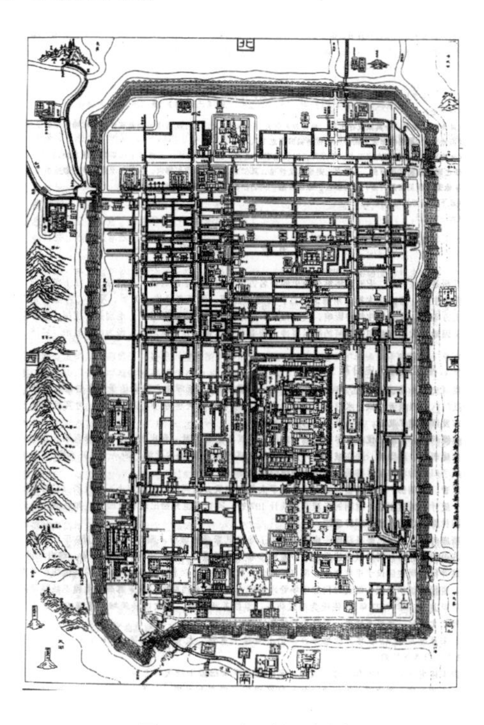

图 25-4　宋平江府图

（引自刘敦桢《中国古代建筑史》）

县城多为每边一门，呈十字形或丁字形街道系统，如奉贤、南汇、太谷、平遥等。任何事物都有一般和特殊，不规则的城池自然也有。有的城市呈圆形，如嘉定；有的城市呈带形，或数城相连，如天水、平凉；有的城市呈组合形，如武汉三镇（武昌、汉口、汉阳）；有的因族群的关系，两城分开，如甘肃的夏河分回、汉两城。非常少见的城形是安徽古代文盛的桐城（图 25-5），是全国唯一一座正圆形城池，城内的街巷都是一段段的弯道，只有一条直通弯路贴城而建，相当于如今的城内环城路。还有其他一些不规则形状的城，这些千姿百态的城墙平面形状，都是经过当时设计者们精心规划的城市外形，有的依据传统筑城思想，有的根据当地的地形地貌因形就势，还有的寄寓了文化的审美情趣。

中国城池还有一个共性特征是——靠水（图 25-6），这是古代城市规划的一个重要条件，原因一是护城河防御的要求；二是市民生活（包括运输物资）居住的需要。

图 25-5　桐城县城平面图

（引自张驭寰《中国城池史》）

图 25-6　［清］《姑苏门外》

（引自《中国民间美术全集——绘画》）

有些非常特殊的城池也值得一提。历史上有为帝王陵寝而建的城，也有为寺庙而建的城，如汉代统治者在长安附近地区建筑陵城，先后建成的有长陵、安陵、霸陵、阳陵、茂陵、杜陵、平陵七个陵城。当年汉高祖、惠帝、景帝、武帝、昭帝五位皇帝的帝陵都在长安西部，帝陵建成后，迁徙天下豪商贵族到五陵地区居住，这些地方居住着数十万的城市居民。因此，后来人们就将富贵人家的子弟称为“五陵少年”。唐代诗人李白写有一首《少年

行》："五陵少年金市东，银鞍白马度春风，落花踏尽游何处，笑入胡姬酒肆中。"诗中描述的就是这样一群风流倜傥、徜徉街市的富家子弟在陵城恣意生活的场景。

寺庙之城则有青海乐都的瞿昙寺、北京的承恩寺、河南荥阳的圣寿寺、山东曲阜的孔庙、山西解州的关帝庙以及五岳名山诸庙等。山西阳城县北留镇有座黄城，姑且称它为"村城"，这里本为清初文渊阁大学士兼吏部尚书、《康熙字典》总裁官陈廷敬的故里。黄城构筑于明崇祯年间，是为防御农民起义而筑，总面积不过 1.5 万平方米，有内外两道城墙相围，墙高约 3 丈，筑有垛口，总长只有 670 米。城门上悬挂镌刻着康熙皇帝御题的"午亭山村"四个大字匾额，入城门处立有记录陈家历代科举功名的石牌楼，城内还建有高达七层的"河山楼"。

"还有些城池，虽为'僻邑小城'，也谈不上特殊，但它却独具一格。有 2700 多年历史、迄今保存最完好的山西平遥古城，它由完整的城墙、街道、店铺、寺庙、民居共同组成一座结构方正、布局对称，具有浓厚传统建筑文化特色的古建筑群。这座周长只有 6.4 公里的'麻雀'小城，早在明代就已经是繁华的商业中心。列入世界文化遗产名录的我国纳西族传统聚居地的云南丽江古城，是唯一一座不筑城墙的城池。它始建于宋末明初，因朱元璋赐纳西土司姓木，'木'加框就变成'困'太不吉利，所以古城没有围墙。它也是中国乃至世界范围内罕见的至今保存完好的少数民族古城。"（陈鹤岁《文字中的中国建筑》）

周代的城市等级，大体可分为王都城、诸侯封国、封地都邑。随后按等级划分还有都城、府城、县城、卫城，无论哪一级别的城市，甚或有的乡镇和乡村都修有城墙。

《礼记》中说"城廓沟池以为固"，是筑城的基本要求。《孟子·公孙丑篇》载："三里之城，七里之廓。"表明城与廓间存在着一种比例关系。城廓的基本形制是城垣之外，必有护河，有的在外城内侧或内城之外，再挖有护河的。城上有女墙、雉堞，城门上建城楼，城角处建高于城墙二雉的"隅"（角楼）等。

不光对城廓的形制、面积有要求，对建设城墙的高度、建造时间亦有定规，并纳入制度。由《五经异义》知“天子之城高七雉、隅高九雉”，一雉高一丈，则卫城城垣高七丈，诸侯城则等而下之。《匠人》有：“囷窌仓城，逆墙六分。”《礼记·月令》云：“仲秋之月，可以筑城廓。”及秦以后至元明清的城市，便以此城墙标准规范于天下。

图 25-7　敦煌 217 窟壁画土城

（引自《中国敦煌壁画盛唐》）

古代城池的城墙建造均以土为主，做夯土城墙，用夯土版筑的方法进行施工，有土城（图 25-7）、砖城和石头城。被誉为“中国第一古城”的湖南澧县城头山城址，是迄今为止发现年代最早的土城，距今已有 6000 年的历史。在河南偃师二里头，发现了中国最早的夏代都城遗址，有“华夏第一都”之誉，今天我们还能看到 2000 多年以前的夯土城墙。郑州商城遗址的商代城墙就是夯土筑起来的城墙，上面可以看到一层一层的版筑痕迹和架设脚手架留下来的插杆洞、夹棍眼，这些中国早期城池的城墙都是夯土版筑。夯土筑城延续的历史最长，直到构筑规模宏大的唐长安城，采用的依旧是夯土城垣。至宋代已有标准的城墙建设制度，李诫在《营造法式》中载：“筑城之制，每高四十尺，则厚加高二十尺，其上斜收减高之半，若高增一尺，则其下厚亦加一尺，其上斜收亦减高之半，或高减者亦如之。”

砖城最早出现在曹魏时期。《水经注》上说：“邺城表饰以砖。”唐代的大明宫只是在城门墩台、城墙拐角处用砖砌筑。东都洛阳在建城时，正值唐代国力强盛，宫城和皇城均用砖包砌。五代时则有王审知构筑的福州城，“外甃以砖，凡一千五百万片”。北宋初年的汴京仍然只是在门墩和城墙拐角处包砌砖，《清明上河图》可以清楚地反映这种情况。历史上的所谓“砖城”，是在城墙的内外表面再砌出一层砖皮罢了。砖砌包皮即当土墙完工之后，紧接着就是砌砖，有两面都砌砖的，这就成为砖城墙了（图 25-8）。这种砖砌城墙从汉代就已有这种做法，不过那个时代，砖城尚不发达，仅仅个别的城墙为砖城墙。这种用砖包砌城墙至宋代开始逐渐增多。到明代，制砖技术也很快地达到一定的水平，因烧砖业大大发展，所以在全国之内大量建造砖城墙，县城以上基本上都已是砖城。即内外用青砖进行包皮，使明代砖城墙建造有了突飞猛进的发展。今天，我们所能见到的以及所知道的砖砌城墙基本都是明代的。

图 25-8 《庶殷丕作图》

（引自［清］《钦定书经图说》）

早期的石头城不是很多，特别是宋以前，基本上还没有见到石城墙。万里长城也是一段一段的，有的段落用石城墙，现在仅仅在内蒙古尚保留用石砌的一大段秦汉长城。著名的石城如“石城虎踞”的南京，早在六朝时即在今城郊清凉山筑有石头城，至今仍有遗迹可寻。另外，湖南湘西的黄丝城、福建惠安的崇武城、广东饶平的大埕所城、福建福安的大京城，其城墙也都是用石头垒筑的。

作为军事意义上的城墙，有其一系列完整的防御体系。因为我国历史上的城镇等级划分严格，所以相应的等级特点也有所不同。首先是城墙本身的防御作用。单从形式上看，城墙是围合城市空间的主要构筑物。从城外往城里看：第一层是环绕整个城市外围的高大外城廓。外城廓最早出现在春秋战国时代，而且作为营造都城的一个规定，在整个封建社会一直得到遵循。第二层为内城城墙，这种城墙最初以“城复于湟”的方式建造。第三层是皇城墙，主要是宫城的外城墙。在古代的城市布局中，有些城市中有这种皇城墙，有的没有，一般是在秦汉以后才有这种城墙出现。第四层是宫城，是帝王居住、听政的场所（图 25-9）。在中国历史上，宫城是整个城市的中心，历朝历代的皇帝都把宫殿的建筑视为国家象征的一部分，宫城的城墙往往质

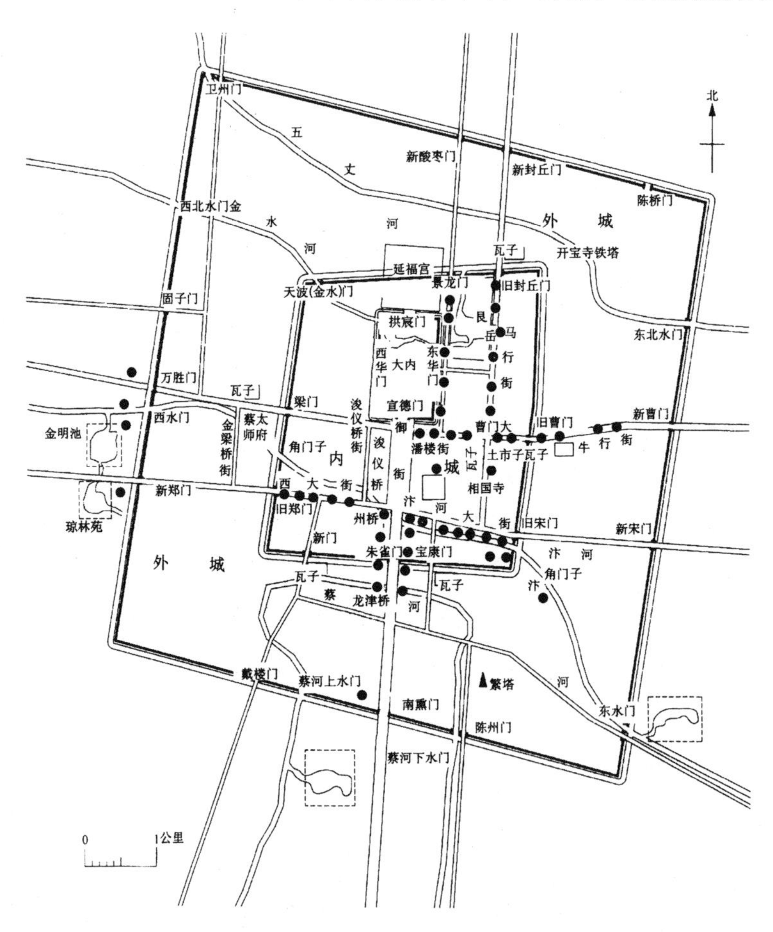

图 25-9 北宋东京城市结构图

（引自郭黛姮《中国古代建筑史》第三卷）

量最好、最为雄伟高大。

中国古代城墙作为至关重要的防御体系，除了作为主体建筑的城墙外，其他如城门、城台、城楼、瓮城、角台、角楼、马面等也是不可或缺的组成部分，护城河、吊桥等环境设施也是十分必要的。

古时所称的“城池”，就是城墙与护城河的合称（图 25-10）。历代城池的修建都强调深为高垒，重视建重城和采取城墙与护城河（或沟壕）相结合的防御措施。护城河很多时候又被称为城河、城壕。春秋战国时期的淹国都城淹城（今江苏常州武进）为三重城，每重城的周围都建有护城河。护城河一般环绕于城墙外侧，少数也有在城墙内侧再修一道内护河。大城内若建有小城，如帝王都中的宫城、州府郡城中的子城等，其城下也常凿有护城河。城池也是军事防御与防洪工程的统一体，也常常具有防洪的功能。此外，宋代以前城市的里坊也是用城墙来划分和管理的。古代城市中分成许多“坊”，每个坊都是封闭的。东汉以后，坊墙甚至构成了古代中国人的生活方式，以至每个家庭的居住院落都用围墙来围合，如北京的四合院就是体现封闭家庭结构的空间形式之一。

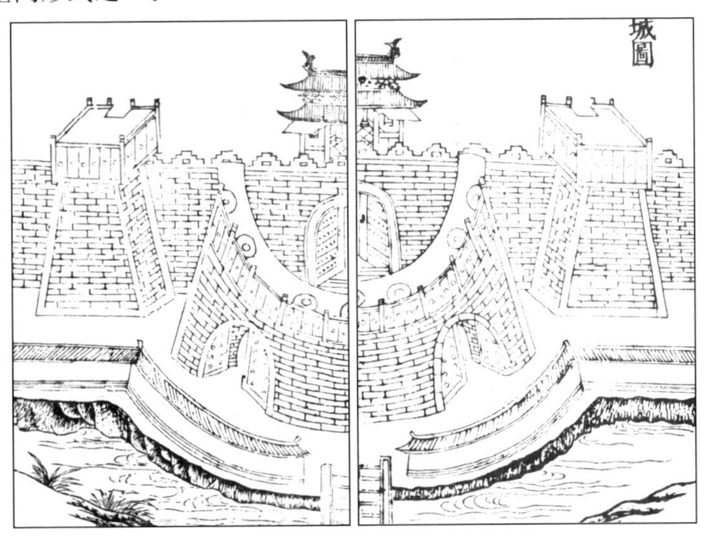

图 25-10　城图

（引自王圻、王思义《三才图会·宫室卷》）

城墙是历史的产物，它真实地记载了历史文化的变迁。在中国传统文化的丰富内涵中，城墙及其所蕴含的诸多内容，沉积了深厚的文化底蕴，已成为我们中华民族的宝贵财富。中国古代的城墙文化，也引起了西方学者的关注，如英国学者帕瑞克·纽金斯在《世界建筑艺术史》一书中指出："这种体现官僚政治、隐私和防御的城墙系统，从大宇宙到小天地在不断地重复使用，国家有墙，每个城市有墙，而且有各自的护城神和护城河（城壕）。"并认为："如此层层所围的结果，使中国社会的每个部分都将保持自身的本质，因而形成了各自与外界发生关系的方式。"

高大的城墙建筑，不仅出于居住者的安全意识，而且它的雄伟气势已成为吉祥的象征，故而城墙的高度向来为世人所关注。据清代李光庭《乡言解颐》卷二记载："幼时闻诸故老，乾隆三十三年（1768 年），许邑侯重修（今河北宝坻），较旧城低三尺，识者以为泄城内之气，故有城头高运气高，城头低运气低之语。"也许正是这些最浅显、最普通的思想与语言，说明了城墙文化对人们的影响，使其进一步发展成为一种城市文化。

26 雄关漫道

“关”是个会意字，金文的“关”从门，门扇上各有一根竖木和一个门环，状如插在门上的闩，是个门闩的形象。篆文的“关”将金文字形予以繁化：门环增加为两个，竖木则变成一个向上弯曲的钩锯，这样就可以在横竖两个方向插入木棍，使门关闭。《说文解字》：“关（關），以木横持门户也。”本义是指“门闩”。《墨子》：“门植关必环锢。”用“门闩”之本义引申指“关闭”，进而又引申指设在险要之处或国境之上的“关隘”和“要塞”，即“关塞”（图 26-1）。

关塞的基本概念从其历史发展变化和其地理特征来看，具有多样性，其“关塞”的涵义也相当繁复。《天文志》曰“关塞，关西河天阙，其星为天关”。何为天关，《晋书・天文志上》：“二十八舍东方角二星为天关，其间天门也，其内天庭也。”所谓“关塞”即处于交通要道中地理形势险要之关口或关卡。《尚书・秦誓序》注云：“筑城守道谓之塞。”汉朝高诱注释《吕氏春秋・有始览》云：“险阻曰塞。”又《仲夏纪》注云：“关，要塞也。”另一类是所谓之“边塞”指设在国境上的门户，即位于边界或边境（包括长城）之上的重要关口或过道。《礼记・王制》注云：“关，竟（同境）上门也。”东汉人蔡邕《月令章句》云：“关在境，所以察出御入。”《广韵・代韵》记云：“塞，边塞也。”边塞甚至被当做“边境”与“边界”的同义词，“塞外”即等同于“境外”，而“关塞”则是边境上的重要出入关口。《礼记・月令》注云：“要塞，边境要害处也。”还有所谓“城关”或“门关”，筑城以卫国，卫国之门亦是关。《周易》中说：“先王以至日闭关，商旅不

图 26-1 汉代瓦当上的“关”字（引自陈鹤岁《汉字中的中国建筑》）

行。”即在冬至、夏至之时关闭关隘之门，商贾和往来行人都不得通过。这则文献说明，在周代的关隘有控制行人和商贾出入的作用，在特定时间会闭关禁行。

图 26-2 关塞

（引自王圻、王思义《三才图会·宫室卷》）

据文献记载，我国古代始置关塞的时间可以追溯到西周、春秋时期。那时，诸侯纷争，割地称雄，国与国之间战争频发，彼消此长，令后人回顾起来颇有目不暇接之叹。在群雄逐鹿，天下支离分裂的状态下，关塞的职能得到重视（图 26-2）。各国都在其边境和交通要道上利用地形之险建设关塞，“依山筑城，断塞关隘”，派兵驻守，以御敌国。从东周时期开始，主要出于政治、军事目的，关隘的选址，大多设置在地形险要之处。这主要缘于东周时期的小国林立、互相征伐，为人们关注自己国土四围的军事防御问题提供了契机。

较之整体性的关塞系统，城门或门关系统更早建立并完善起来。最早建立起来的关卡或门关系统，如西周时期建立起“周十二关”体系，即围绕周朝王畿之地建立起来的门关体系。关于“十二关”制度，儒家经典《周礼》进行了简要记载，如“司关”条云：“司关，掌国货之节，以联门市，司货贿之出入者，掌其治禁，与其征、廛。凡货不出于关者，举其货，罚其人。凡所达货贿者，则以节、传出入。”唐代贾公彦解释“司关”职能时提出了“周十二关”问题：“司关，总检校十二关，所司在国内……王畿千里，王城在中，面有五百里，界首面置三百，则亦十二关，故云：‘界上门也……又十二国门，关谓十二关门，出入皆有税。’”（图 26-3）我们不难发现，当时

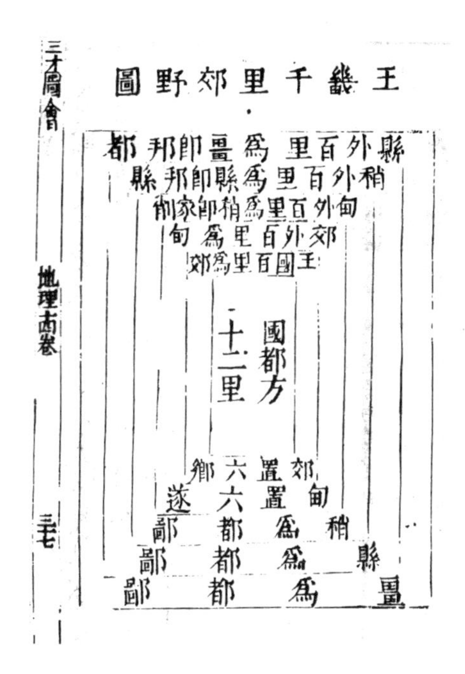

图 26-3 王畿千里郊野图

（引自王圻、王思义《三才图会·地理卷》）

“关”专指门关，或城关，“司关”的职能主要在于商贸管理与关税征收。

最早出现的、颇有影响的全国性关塞体系雏形，当属《吕氏春秋》等著作所记录的所谓“九塞”。《吕氏春秋·有始览》称：“天有九野，地有九州，土有九山，山有九塞，泽有九薮，风有八等，水有六川……何谓九塞？大汾、冥阸、荆阮、方城、殽、井陉、令疵，句注、居庸。”先秦“九塞”方位，是古代关塞沿革的渊源所在，这九座古中原要塞便成为古今学者考察先秦关隘的重要依据之一。相对于古老的九塞体系而言，东周时期的一些关隘更为后人所熟知。王应麟在《玉海》中曾经精辟地指出：关塞“五伯时诸大侯国皆有之。楚有昭关，鲁有六关，赵有井陉、高阳关，魏有漳关，秦有榆中、临晋，峣、武二关。关之大小不同，其藩塞岨隘、捍御邦域则一也。”这也就是说，先秦时期关塞最重要的功能在捍卫国土，成为各国治安与防御体系中不可或缺的重要环节。如《吕氏春秋》卷十《孟冬纪》载：“戒门闾，修（楗）闭，慎关钥，固封玺，备边境，备要塞，谨关梁，塞蹊径。”高诱注文云：“要塞所以固国也，关梁所以通涂也，塞绝蹊径为其败田。”

为了适应关塞管理的需要，战国时期各国出台了关塞管理的法律，并设有专门的官吏进行管理，即所谓“关法”，如《三秦记》载云：“函谷关，去长安四百里，日入则闭，鸡鸣则开，秦法也”，与关税征收及城关管理密切相关。先秦时代与“关法”相关的关隘故事也流传相当多，如《史记·老子列传》中说：老子西游过潼关，“至关，关令尹喜曰：‘子将隐矣，彊为我著书。'”留下了永载史册的中国古代哲学经典。较为脍炙人口的还有“鸡鸣狗盗”“伍子胥过昭关”等。

大一统的秦汉时期，关塞更是遍布全国。根据其所在地理位置不同、在其周边发生的历史事件性质不同，关隘发挥着多重作用。尤其是秦汉时期，关隘的军事职能不可小视。秦王朝修筑长城，广置驿道，重设关防，不仅出现了更多的关塞，还有关津，随后的历朝各代也都在不断地调整和添设，其中以汉代为最盛，因而有所谓的“秦时明月汉时关”之说。

我们所能见到的古代关于关塞的记载数以千计，也有很多的类型，其中最为重要的有两大类：“外关”和“内关”。外关是设置在边疆地区的关隘，主要设置在北方、西北、西南和岭南地区，最重要的作用就是防御外族入侵，维护国家边疆稳定。设置在长城沿线的关城隘口，通常称之为“长城关”，如汉武帝时期所建的阳关、玉门关，它们就是中原通向西域的咽喉要塞。内关设置在水路交通咽喉之地的关防津渡，一般称为“驿道关”。

在内地的关隘中以京畿四周之关为重，就像《史记·刘敬叔孙通列传》中娄敬所提议的一样：“秦地被山带河，四塞以为固，卒然有急，百万之众可具也。因秦之故，资甚美膏腴之地，此所谓天府者也。陛下入关而都之，山东虽乱，秦之故地可全而有也。”就内部关塞体系而言，秦与西汉两朝均定都长安地区，京畿之地即所谓“关中”，这也是在中国关塞建设史上“关中”体系声名特别显赫的原因。“关中”的得名，就来源于其地理形势之险与关隘之固，即所谓“四关之中”，正是关中地区关隘体系的最突出特征。张守节《史记正义》释“关中”时称：“东有函谷（关）、蒲津，西有散关、陇山，南有峣山、武关，北有萧关、黄河，在四关中，故曰关中。”古人称赞关中形势“最为完固”，是非常恰当的，可以说，“关中体系”在秦汉时期得到了最大程度的完善。

秦汉时代是伴随着最重要、最宏伟的人工边塞工程——万里长城而拉开序幕的。外关是以长城关为主，长城又常被古人称为“塞垣”。长城的关、塞、隘非常之多，其中不少重要的关口后来逐渐成为声名显赫的关塞，是长城防守的重点，也是出入长城的要道。

凡是险要地带，敌人经常入侵的地方，都要筑城、设险以堵塞其进入，所以称作“塞”。塞比城的范围还要大些，如秦始皇“西北逐斥匈奴，自榆中并河以东，属之阴山，以为四十四县（初为三十四县），城河上为塞”就是在黄河岸筑城以防御，这里的城不是单独的一个城，而是指一系列的城和长城。在《水经注·河水三》上描述说：“长城之际，连山刺天，其山中断。两岸双阙，善能云举，望若阙焉。即状表目，故有高阙之名。”其描述与居庸关关沟的设隘情况相同，即以隘谷通道立关置塞，在隘谷外侧筑长城，里侧（南口）设烽遂关城，这正是长城关塞布局的一般原则。汉代长城中著名之关隘，有建于河西四郡之玉门关、金关、阳关、悬索关等。

秦汉关隘由于年代久远，大多已另迁新址或湮没无存，没有关隘能幸存至今。有专家通过对边远地方的一些关隘，如甘肃肩水金关等遗址经过科学的发掘，并结合文献后简牍材料的记载，管中窥豹，探索关隘的大致建筑构成。关隘的主体建筑一般由关门、关墙组成，配套设施有方堡、烽火台、坞等，坞内有功能不一的房屋建筑若干。建筑边旁设有堑（壕）、虎洛尖桩，用以加强防御能力，建筑方式以夯筑为主，兼用土坯垒砌。

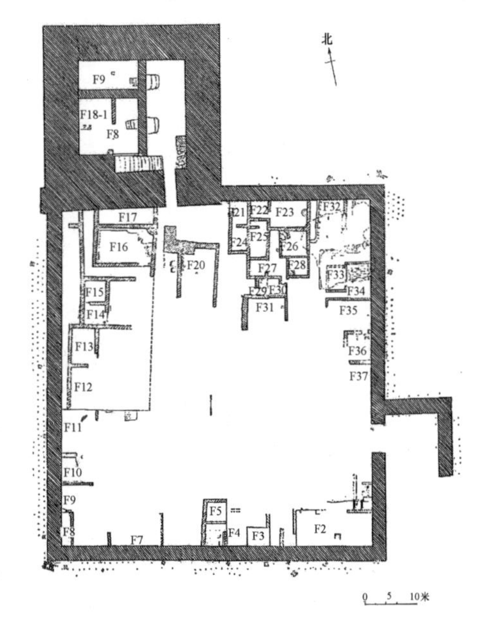

图 26-4 甘肃张掖县汉居延甲渠侯官遗址平面

（引自《文物》1978 年 1 期）

关门，是关隘的主体部分，其形制经考古发现确认，是关隘的标志。它不仅是战时关隘防御的组织核心所在，同时也是平时盘查行旅、征收关税、履行关隘行政职能的门户。方堡（鄣）通过肩水金关和居延甲渠侯官（破城子）遗址（图 26-4）的发掘可知，方堡自成一体，内有房屋可供戍卒日常守卫之用。从遗址平面图可以看出，方堡多与烽燧协同使用，在烽燧上发布军情战报的戍卒，其日常工作即在方堡之中。坞，防卫用的小城堡，也称“庳城”。边塞防御系统的治所建筑，根据等级不同大致可以分为：城、鄣（也作障，编者注）、坞、燧（图 26-5）。一般来讲，城是郡守、县令或都尉的治所。因为城内住有居民，且人数多寡不一，所以形制也颇不一致。烽火台，又称烽燧，俗称烽堠、烟墩，负担着瞭望警戒、侦察敌情和发布传递军情信号的任务，即所谓“谨候望，通蓬火”，是边塞用于点燃烟火通报军事情报的高台，据汉简记载烽火台：“高四丈二尺，广丈六尺，积六百七十二尺，率人二百三十七”，烽火台之间一般相距十里左右。关墙，又称塞墙、垣，是与关门相连，用于阻隔交通的设施，用夯土、石砌或者土石结合进行构筑，关墙是关隘防御的重要组成部分，有时与自然天堑、壕沟、篱落等设施共同构成关隘的防御体系。

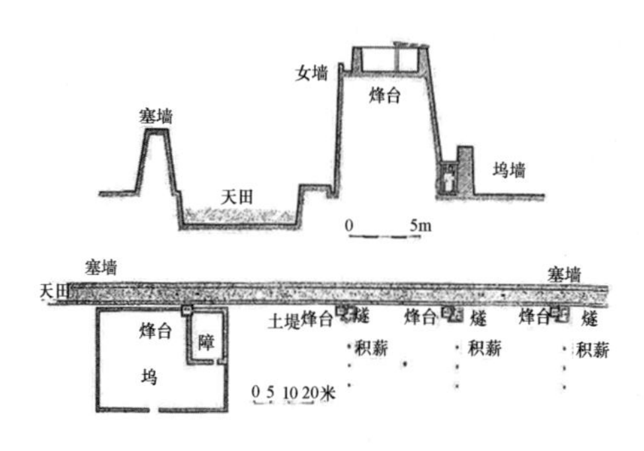

图 26-5　汉代边城之城、鄣、坞、燧、平面及关系示意图

（引自刘叙杰《中国古代建筑史》第一卷）

而对函谷关、萧关、武关等著名的内关关隘在秦汉时期的建筑形制仍无从细考。目前见于汉画像砖汉墓壁画材料者有两例。一是现收藏于美国波士顿美术博物馆的“函谷关东门”画像石（有资料称为嘉峪关）（图 26-6），主体建筑为两相对应之高大的三层谯楼，其上下层均施平座，平面呈矩形，周围环以副阶，各有

图 26-6　函谷关东门画像石

（引自陈鹤岁《汉字中的中国建筑》）

柱、斗拱、勾栏、窗、瓦顶，屋顶为四坡式，正脊两端翘起，脊中立有凤鸟装饰。楼下置有两门，关门半启，门上饰兽首衔环铺首。左门中绘有一驰出之马，另一门中可见门卒形象。画面空白处有铭文刻于其上，书有“咸谷关东门”字样，推测应为东汉时期函谷关的形象。

秦函谷关，其前身在春秋时期是晋国的关隘，战国时期，秦为防御关东六国进攻，屏塞关中地区，在殽函古道上据险而设此关。秦函谷关建立后，在这里曾发生过几次大规模的战争，其中最著名的战事是秦汉之争，汉元年（公元前 206 年）十月，沛公兵至霸上，“或说沛公曰：‘秦富十倍天下，地形强。今闻章邯降项羽，项羽乃号为雍王，王关中。今则来，沛公恐不得有此。可急使兵守函谷关，无内诸侯军，稍徵关中兵以自益，距之。’沛公然其计，从之。十一月中，项羽果率诸侯兵西，欲入关，关门闭。闻沛公已定关中，大怒，使黥布等攻破函谷关。”（司马迁《史记·高祖本纪》）

另一例是内蒙古和林格尔东汉墓壁画所见《过居庸关图》（图 26-7），描绘墓主人从繁阳（今河南境内）到宁城（河北万全县一带）赴任时，通过居庸关的情景。图中居庸关关城雄伟，且有舟渡，水门下题“居庸关”三字，推测应为东汉时期居庸关的形象。由此可见，内地关隘建筑一般有高大的门楼，上有瞭望设施，下为关门、通道。关隘可以分为陆上之关和水上之关，即有关门和水门之别，设

图 26-7　内蒙古和林格尔东汉墓壁画《过居庸关图》

（引自杨泓《美术考古半世纪》）

卡盘查往来行人商旅，并画出了关内外车马人员往来及舟渡的生动场面。这两座关隘的共同点是都有关门、关城和关墙等设施。

居庸关，旧称军都关、蓟门关。“居庸”一词最早见于《吕氏春秋》中“天下九塞，居庸第一”。居庸关设立关城的历史最早可以追溯到汉代，《汉书·地理志》记载：“上谷郡，居庸有关。”该关在三国时称西关，北齐时改称纳款关，南北朝时，关城建筑又与长城连在一起。唐代有居庸关、蓟门关、军都关之称。辽至清各代仍称居庸关，明洪武元年（公元 1368 年）建今居庸关，与紫荆关、倒马关合称“内三关”。居庸关，关城坐落在燕山天然屏障中，地处温榆河上游关沟内的军都山与西山交接地带。关沟长数十里，从南口蜿蜒曲折至八达岭垭口，是从大同、宣化通往北京的重要通道（图 26-8）。

图 26-8　居庸关

（引自王圻、王思义《三才图会·地理卷》）

宋代关塞的设置也基本是延续前代关塞，但也应宋朝需要修建了新的关塞。宋朝著名的关塞有剑门关、潼关、瀛洲高阳关、霸州益津关、雄州瓦桥关、茂州鸡宗关、清平关、城陵关以及桃关等。从外部形态上看，宋朝长期处于与辽夏金对峙阶段，而关塞的设立也是抵御辽夏金等入侵，讥察奸细、行旅，防止窃取国家情报，保卫国家安全的重要屏障；关塞发展到此时也产生了另外一种形式，即作为设在内地主要交通要道上的关禁，其主要职能就是防止农民起义，维护本朝政治稳定。不管是真正意义上的关塞，还是作为防守城镇的城门，关禁处在特殊的地理位置，就扮演着特殊的角色。关塞的设置，使得度关人员不能轻易度关，从中找出可疑度关行旅，稳定本国的统治。

明朝一代很注意北边的防御，为了对付北方的蒙古族，整个明代修边墙（长城）达十八次之多。经一百余年的时间，形成东起鸭绿江，西达嘉峪关，

长达一万余里的万里长城。

明代的关塞选址于地势险峻或山水隘口处，常常也伴随着很多边防关城的产生，用人工设防来加强天险或弥补自然不足，古称“堑山湮谷”或“用险制塞”。在内边，有京师恃之为内险的“内三关”，即居庸关（河北昌平）、紫荆关（河北易县紫荆岭上）和倒马关（河北唐县西北）。还有京师视之为外险的“外三关”，即雁门关（山西代县）、宁武关（山西宁武县）和偏头关（山西偏关县），均地位显要，有“今之急务，惟在备三关之险”的记载。在外边，最著名的关城有嘉峪关和山海关。嘉峪关是明代长城西端的起点，建在酒泉西 70 里通往新疆的大道上，长城起点从祁连山下经几百米和关城相连，形势极险，称为“天下第一雄关”。山海关是明代长城东端的要塞，是渤海和燕山之间的“辽蓟咽喉”的关隘，素有“两京锁钥无双地，万里长城第一关”之称。

山海关是万里长城著名关隘，依燕山，傍渤海，地势险要，为华北通往东北的咽喉。据《嘉靖山海关志》记载：“卫城周八里一百三十七步四尺，高四丈一尺，土筑，砖包其外。自京师东，城号高坚者，此为最大”，城墙顺应地形成南北长东西短的不规则四边形。东南西北各开门，曰镇东、望洋、迎恩和威远。门外各设瓮城。“门个设重键，上竖楼橹，环构铺廊，以便夜巡。水门三，居东、西、南三隅，因地势之下，泄城中积水而引以灌池……四门各设吊桥，横于池上，以通出入”，是充分利用地势以凿护城池的佳例。

作为军事要塞的山海关，其外围整体布局尤胜。在明初徐达建山海关城之后，关城东西两头陆续建有东罗城、西罗城。山海关的东城门（镇东门）是向东通向关外的东大门。城关东门向南，长城伸入了大海，因万里长城形似蜿蜒的长龙，所以这段长城的尽端被称为“老龙头”，为明朝名将戚继光所建。关城，为第一道防线。明蓟镇总兵戚继光所建的入海石城，与明末总兵吴三桂所筑的威远城互为犄角，遥相呼应，形成关城外围的第二道防卫。再往外为长城沿线，凡高山险岭水陆要冲处设有南海关、南水关、北水关、旱门关、角山关、三道关为第三道防卫。在长城线外山峦制高点上分布的烽火台，是专为监视敌情、传递消息的最外据点，也是第四道防卫。

另外一大类关塞是设置在江河重要渡口的关津，特别值得一提的有蒲津、茅津和孟津，它们均为黄河上的古老渡口。位于今山西永济蒲川的蒲津，建有蒲津关。春秋鲁昭公元年（公元前 541 年）就曾“造舟于河”，为历史有记录的第一座架在黄河上的浮桥。这一古代著名关津，直到明代仍为战略必争之地。茅津又称“陕津”，俗称“上河头”，地处山西平陆，南濒黄河，自古为交通要道、军事要地。《左传》中所记，秦伐晋，“自茅津渡”，即指此渡口。孟津，在今河南孟县西南。相传为周武王伐纣会盟诸侯并渡河之处。东汉始设津防于此，称“孟津关”，为洛阳周边八关之一。

关塞体系的现实功能主要体现在两个方面，即对外防御功能与对内治安功能。关隘在周边少数民族政权威胁中原王朝安全、诸侯王国势力威胁中央政权的背景之下，主要的职能就是防御外敌与内患。除此之外，关隘还有控制检查往来行旅、调控物资流动、征收关税、防止窃取情报、缉拿罪犯等方面职能。

图 26-9 《安南来威图册》中的“镇南关”

（引自王逸明《1609 中国古地图集》）

一座关隘的地位，不仅与其所处的地理形势有关，而且与人们对它的认识和利用程度有关。我国虽然幅员辽阔、地形多样，形势险峻之处众多，但关既然是境上的门户，所以设在区域地界的很多，如浙、闽边界的枫岭关，陕、鄂、豫边界的梅关，陕、晋、豫边界的潼关等。素有“南天第一关”之称的大南关，又名“雍鸡关”“界首关”“镇南关”“睦南关”“友谊关”（图 26-9）。此关设在华夏南国边陲广西凭祥的中越边境，是通往越南的重要交通口。初置于明代，后世屡加重建。1965 年改建成雄伟的拱式城楼，额书陈毅题写的“友谊

关”。清时中法战争中的“镇南关大捷”，近代孙中山领导的“镇南起义”均发生于此。

“秦时明月汉时关”，阳关、玉门关是中国历史上影响最大且最为著名的“汉关”，在历代文学作品中吟咏阳关、玉门关的诗词歌赋也堪称洋洋大观，不计其数。诗人们常通过歌咏这两座关隘来抒写绝域的遥远与塞外的荒凉，其中，“羌笛何须怨杨柳，春风不度玉门关。”（《凉州词》）“闻道玉门犹被遮，应将性命逐轻车。”（《古从军行》）“绝域阳关道，胡沙与塞尘。”（《送刘司直赴安西》）“劝君更尽一杯酒，西出阳关无故人。”（《送元二使安西》）王之涣、李欣歌咏的玉门关、王维歌咏的阳关，无愧是历代“关塞诗”的不朽篇章。

27　百千家似围棋局，十二街如种菜畦

“闾里”最初为古代城邑中居民聚居的管理制度，也是我国古代城邑居民区的一种组织形式。《汉书·食货志》谓：“在野曰庐，在邑曰里。”所谓“庐”，就是民众在农忙期间在田中休息的临时住宿地，而“里”，则指邑内的聚居单元。在先秦时期称作“闾”“里”或“闾里”，到北魏隋朝时期称作“坊”；到唐朝时“里”和“坊”互用，统称为“里坊”；两宋时已发展演变为“坊巷制”。

《说文解字》曰：“闾，里门也。从门，吕声”“里，居也。从田从土，凡里之属皆从里。”在西周金文中已有“里”的名称，据文献记载，周朝为了加强国家统治，完善政令和役赋的管理，建立国野分置和乡遂组织。据《周礼》记载，王城的城邑及四郊为“国”，王城之外、四郊之内设六乡，四郊以外的地区为“野”，野设六遂，即“王国百里为郊。乡在郊内，遂在郊外，六乡谓之郊，六遂谓之野”。所谓“六乡”，即指“五家为比，使之相保；五比为闾，使之相受；四闾为族，使之相葬；五族为党，使之相救；五党为州，使之相赒；五州为乡，使之相宾”（《周礼正义·地官·大司徒》），一闾五比，计二十五户，组成一个聚居组织单位。所谓六遂，即指“五家为邻，五邻为里，四里为酂，五酂为鄙，五鄙为县，五县为遂”（《周礼正义·地官·遂人》）（图27-1）。同时设置“闾胥”“里宰”等执掌人物，《周礼·地官·闾胥》云：

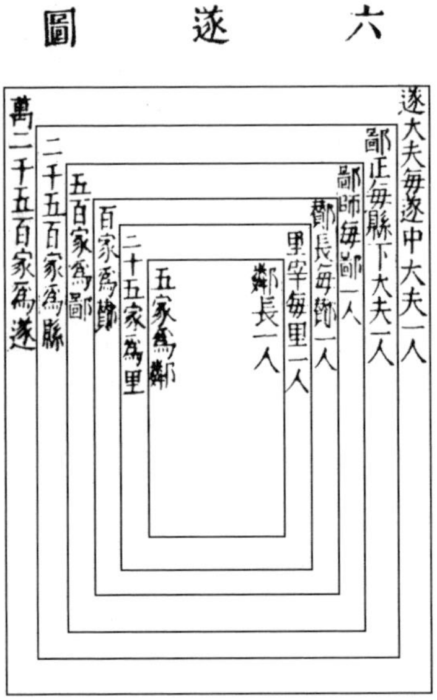

圖　遂　六

萬二千五百家爲遂
二千五百家爲縣
五百家爲鄙
百家爲酇
二十五家爲里
五家爲鄰
遂大夫每遂中大夫一人
縣正每縣下大夫一人
鄙師每鄙一人
酇長每酇一人
里宰每里一人
鄰長一人

图27-1　六遂图

（引自王圻、王思义《三才图会·地理卷》）

"闾胥，各掌其闾之征令。"郑玄注："郑司农云：'二十五家为闾。'""里宰，掌比其邑之众寡，与其六畜兵器，治其政令。"（《周礼·地官·司徒》）郑玄注："郑司农云：'邑犹里也。'"自乡遂向下层层建制，至闾里为最基础的组织机构。

国家对平民的所有控制手段都要通过"闾里"来实现，标志着国家权力对平民的控制程度。作为地方基础行政组织，"闾里"的职能及其运作状况，与平民的日常生活息息相关。据考古发现推测战国时期临淄、秦城内已出现按职业分工的"里"。在《管子》中记述，齐都城邑中的聚居管理机构"里"的编户"五家为轨，轨为之长；十轨为里，里有司"，即每里辖50户。闾里的管理颇为严格，"大城不可以不完，郭周不可以不通，里域不可以横通，闾闬不可以毋阖，宫垣关闭不可以不修"，里与里、户与户之间设垣墙相隔，里民的生活被限制在固定的空间范围。有"里尉"掌管里门钥匙，设"闾有司"监视出入，它反映了闾里的基本管理制度及形式特点。《诗经·郑风》："将仲子兮，无逾我里，无折我树杞，无逾我墙，无折我树桑。"把里和墙紧密地联系在一起，则说明不同闾里之间的界限分明，里周围是有围墙，呈封闭状的。

秦汉时期，国家的政体以郡县制作为基础，采用王城、侯城和都（采邑）的三级城邑体制，随着生产力的发展，商品经济活跃，城市人口陡涨，各种手工业作坊增多。闾里、作坊以及市场的用地逐渐增长，居民区亦成为城市主体的重要构成内容。

都城的聚居组织分为国、邑、亭、里几个等级。虽沿用周时的称谓，此时的里，其规模远比周时要大而集中。里辟有里门，筑有墙垣，里门昼启夜闭，居民出入从令。从咸阳城的考古资料看，居民聚居区相对集中，边界整齐，显然经过严格的规划管理。这时对居民编户的组织采用什伍之制，《鹖冠子·王鈇》说："其制邑……五家为伍，伍为之长；十伍为里，里置有司。"一般的里有五十户。《后汉书·百官志五》曰："里有时魁，民有什伍，善恶以告。""……里魁掌一里百家。什主十家，伍主五家，以相检察。民有善事恶事，以告监官。"而出土之汉简则载"五十家而为里，十里而为州，十乡（州）而为州（乡）”，其具体内容尽管稍有不同，但都记载“里”是最基层之乡官组织。

据西汉《三辅黄图》记载：“长安闾里一百六十，室居栉比，门巷脩直。有宣明、建阳、昌阴、尚冠、脩成、黄棘、北焕、南平、大昌、戚里。”西汉长安的居民住区以“里”为单位，此外，也还有一些闾里的文献记载，这些闾里，主要分布在长安城的北部靠近宣平门一带，还有少数权贵人物的宅邸被安排在未央宫北阙附近，“北阙甲第，当道直启”（张衡《西京赋》）指的就是这里。不过，关于“长安闾里一百六十”的具体分布情况和“闾里”本身的形制结构，目前还不太清楚。从考古发现来看，汉代都城及其以前的某些都城内，用纵横交叉街道所划分出来的大小不同方块，无疑就是里坊的最早雏形。当时的里坊区划并不规整，大小不一（图 27-2）。

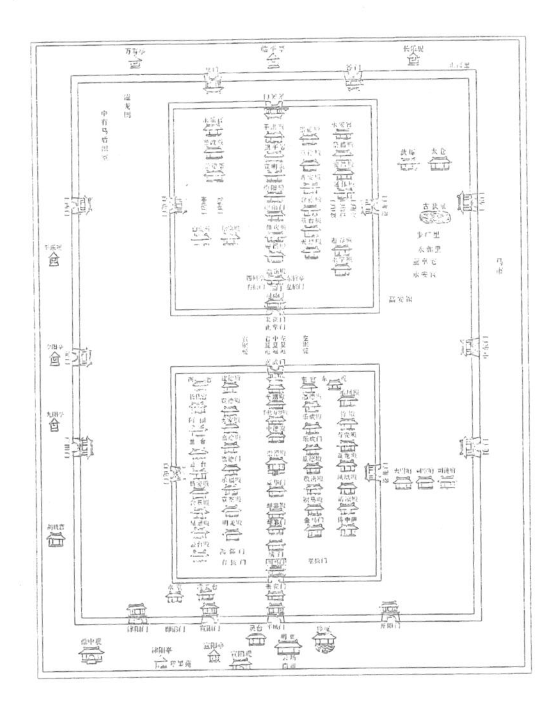

图 27-2　后汉京城图

（引自杨宽《中国古代都城制度史研究》）

三国时期的曹魏都城邺城最早实现里坊制的城市规划布局（图 27-3），开创了里坊制发展的新局面。北魏洛阳城的里坊制度明显出现很多新的特点，尤其是内城、外郭城的创建，使外郭城得以大规模地开辟为规整的里坊区，按里坊制度布局与管理，是北魏洛阳城的创举，也是中国古代都城建设史上第一次有计划地把都城居民的里整齐地建成。

北魏洛阳城的营建实际上采用以“井”为网格的基本单位，一井为九赋

之田，即方一里合三百步。整个城市划分为320个里，城市道路按网格规划，形成经纬交织的道路网。宫城坐中，廨署居前，左祖右社，东西二市，聚居区分布在城南皇城两侧，占地200余个里，据《洛阳伽蓝记》记载：“京师东西二十里，南北十五里……庙社宫室府曹以外，方三百步为一里，里开四门，门置里正二人，吏四人，门士八人，合有二百二十里。”北魏洛阳城的里不仅规整划一，呈正方形，而且沿袭汉制，实行一套严格的封闭式管理制度，是里坊制度完善的标志。

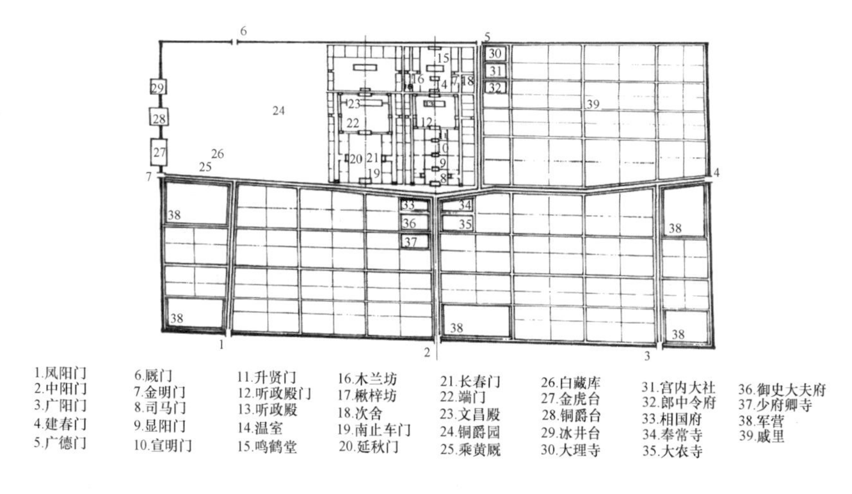

图27-3　曹魏邺城平面复原图

（引自傅熹年《中国古代建筑史》第二卷）

隋唐长安，沿袭北魏洛阳的城市格局，隋唐长安城中轴线贯穿全城，北部正中是皇家居住的宫城和帝国首脑的皇城，棋盘式统一整齐的坊里围绕在宫城和皇城的南面及东、西两面，突出了封建帝王统治下的等级秩序和至高无上的尊严，使都城空间形态表现为较强的封闭性。采用封闭格局的闾里制及聚居区的设置，全面实行封闭式的城市管理。隋文帝时名其为“坊”，炀帝时改称“里”，唐时又称为“坊”。

隋唐两京是中古时代最为宏大并经过完整规划建设的都城，其里坊形制呈方格状，整齐划一。正所谓“坊者，方也。言人所在里为方，方者，正也。”（苏鹗《苏氏演义》）《长安志图》卷上引吕大防语：“隋氏设都，虽不能尽循先王之法，然畦分棋布，闾巷皆中绳墨，坊有墉（墙），墉有门，逋亡奸伪，无所容足。而朝廷宫寺、居民市区不复相参，亦一代之精制也。”《长安志》又曰：“棋布栉比，街衢绳直，自古帝京未之有也。”唐长安城南北向大街 11 条，东西向大街 14 条，纵横交错。李白对长安街道布局的描写是：“长安大道横九天。”李白《君子有所思行》：“万井惊画出，九衢如弦直。”白居易诗曰：“百千家似围棋局，十二街如种菜畦。”都是描写这种规矩严整的布局方式所组成的恢弘城市画卷（图 27-4）。

关于坊的布局，隋唐时的长安城据《长安志》记载：“万年县领街东五十四坊及东市，长安县领街西五十四坊及西市。皇城之东尽东郭，东西三坊；皇城之西尽西郭，东西三坊；南北皆一十三坊……象一年有闰，每坊皆开四门，有十字街，四出趣门。皇城之南，东西四坊，以象四时……南北九坊，则《周礼》‘五城九逵’之制……每坊但开东西二门，中有横街而已。”（图 27-5）可见长安城除皇城以南三十六坊，只开东西两坊门，设置一条东西向的横街外，其他诸坊“每坊皆开四门，中有十字街，四出趣门”。

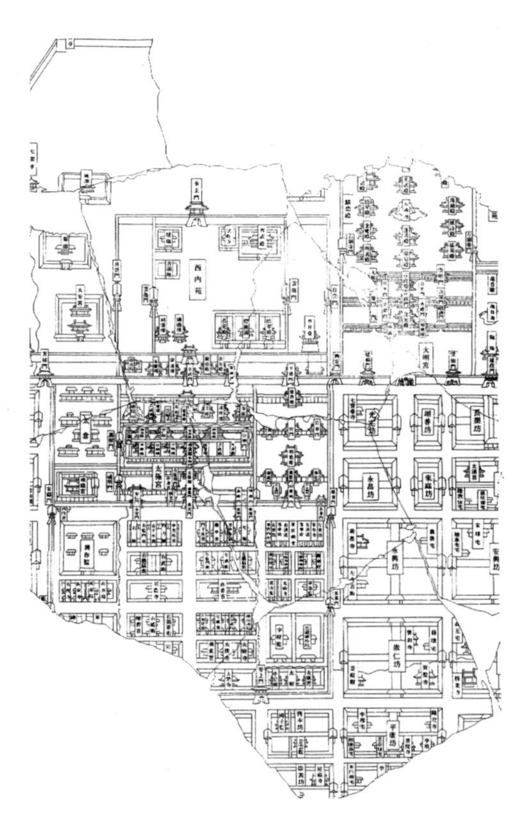

图 27-4 ［宋］吕大防《长安城图》中的里坊
（引自曹春平《中国建筑理论钩沉》）

隋唐两京这种方形坊制，坊内十字街的布局影响到唐的各州城。这样，那些占一坊之地的中小县城，其街道布置应基本上属于大十字街内套小十字街的形式。大型州府城的干道也应是由里坊分割成的方格网，但大城市各坊的大小未必一律，加上有子城，也可能出现丁字街或横街。白居易《九日宴集，醉题郡楼，兼呈周、殷二判官》一诗中咏有苏州的情况，诗中说："……半酣凭栏起四顾，七堰八门六十坊。远近高低寺间出，东西南北桥相望。水道脉分棹鳞次，里闾棋布城册方。人烟树色无罅隙，十里一片青茫茫。"可知苏州虽是江南水乡城市，仍采用里坊，街道如棋盘格，则其他城市可以推知。里坊的规模，隋时为"周四里"，唐长安的里坊采用严格而整齐的坊制，依据大小可分为五种之多，最小的坊为 350 步×350 步，

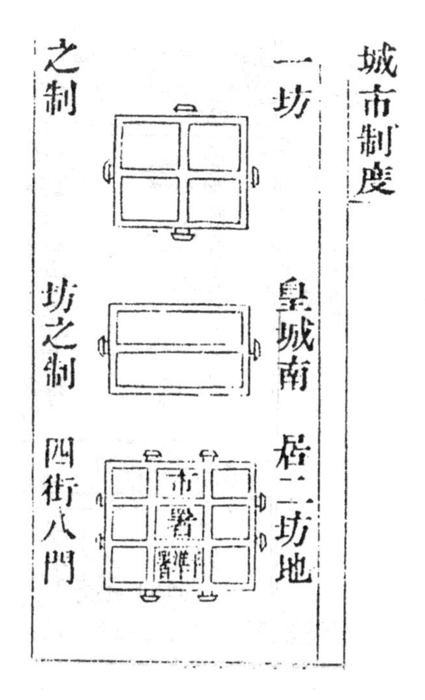

图 27-5　《长安图志》中的坊市制度

（引自［宋］宋敏求《长安志》）

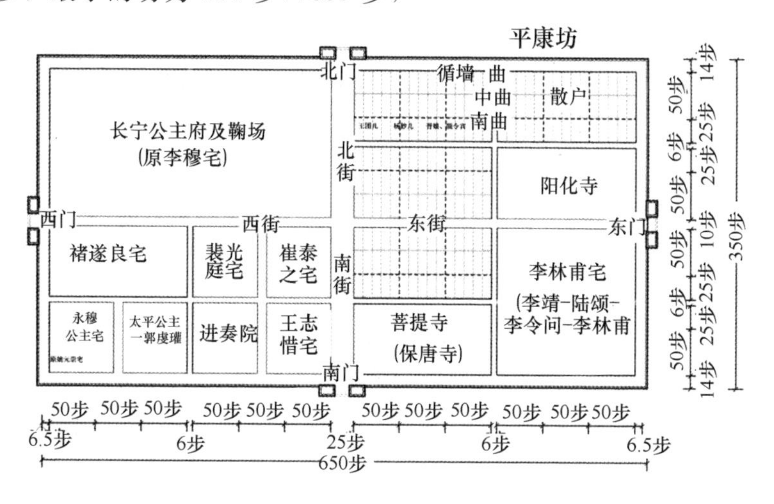

图 27-6　平康坊复原图

（引自贺从容《古都西安》）

最大的坊为 650 步×550 步，面积相差 3 倍（图 27-6）。关于坊内的街道，据考古实测如怀德坊的街道，大部分保存完整，在坊的中央有东西向和南北向的街道各一条，两街交叉成十字形，宽度都是 15 米左右。唐里坊四周筑有围墙，坊墙外围为城市的经纬干道，供居民交通往来，并有一定的公共用地，四面辟坊门。里坊内的巷道曰“曲”，居家宅舍一般沿曲巷布置。坊里的管理极其严格，隋“设里司一人，官从九品下”，唐置“坊正，掌坊门管钥”，如“翻越市、坊墙垣者，责杖七十”（《唐律令》）。

商业交易活动也限制在封闭的市内。采用封闭式的里坊制度来规划设计城市的聚居区，其指导思想是“畦分棋布，闾巷皆中绳墨。坊有墉（墙），墉有门，逋亡奸伪，无所容足。而朝廷宫寺，居民市区不复相参”（《长安志图》引吕大防语），意思是整齐划一封闭的里坊制可以使逃亡的罪犯无处藏身，官府机构、居民宅第与市场不相混淆。同时也是封建王朝统治阶级登记户籍、征收赋役，对城市实行有效管理的一种措施。因此，在城市社会经济尚未复苏或繁荣到一定程度时，采用封闭的城市管理是行之有效的。唐坊门启闭是定时的，“五更开坊门，黄昏闭门”（《唐书・宪宗纪》）。唐初长安城由宫城南击鼓，各街传叫。唐太宗接受马周的建议分街建鼓，“每夕分街立铺持更行，夜鼓声绝，则禁人行，晓鼓声动，即听行。”（《唐律疏义・卫禁下》）实行严格的夜禁制度。

唐中期始，长安不断发生侵街事件，如唐文宗时期，左街使上奏称：“伏见诸街铺近日多被杂人及百姓、诸军诸使官健起造舍屋，侵占禁街”。唐宣宗时期的“义成军节度使韦让，率先于怀真坊西南角亭子西，侵街造舍九间”（《五代会要》）。随之夜禁制度渐松弛，开始出现了夜市。夜市的发展势头极猛，以至于唐文宗开成五年（840 年）宫廷不得不下令：“京夜市宜令禁断”（《唐会要》）。其次，更有在里坊内设置店铺，私通交易的，甚至打破坊墙，临街开铺面的事情也出现了。后唐规定，凡洛阳城内空地，无论是官街还是坊内之地，不需官吏审批，皆可任意盖屋。这时的洛阳城内，各类居民杂居，工商业店铺与居民互相交错、面街而设。“坊市之中，邸店有限，工商外至，络绎无穷”（《续资治通鉴长编》），以至“大梁城中，民侵街衢为

舍，通大车者盖寡”（《宋会要辑稿·食货六七》）。城市中临街开门和坊内设肆列店的事更是层出不穷，初唐实行的市禁、坊禁已经难以维系了。

因州北有福山而得名的福州市，在经历了千余年的风雨沧桑后，居然有一处唐末五代形成的古老街区尚存，成为唯一一处保留坊巷格局的活化石。从南至北，右面是三个“里坊”，分别为衣锦坊、文儒坊和光禄坊，俗称“三坊”；左面是东西向的七条小巷即杨桥巷、郎官巷、塔巷、黄巷、安民巷、宫巷、吉庇巷，承载着悠久的历史文化，留下了丰富的物质遗产。

五代时期后，周主周世宗大力扩建开封城，允许在城内沿街“种树掘井，修盖凉棚”，从而打破了封闭的里坊制，促成了后世里坊制的进一步崩溃。宋太祖时期对“夜禁”也放宽了限制，三鼓之后才禁止行人外出。宋徽宗时期对于侵街现象收取赋税，从某种程度上默认了侵街现象的存在。宋仁宗时期，下令取消街鼓。

宋初东京（又称汴京）仿隋唐里坊制度，坊、市分离，里坊封闭。北宋的统治者曾力图恢复封闭的里坊制，如宋太宗时期在东京的街道上设置冬冬鼓，以提醒百姓坊门的启闭。然而由于商业贸易的迅速发展，宋仁宗时期就面临土崩瓦解，难以遏制的趋势。据《东京梦华录》记载，东京城内店铺市肆分布于各个里坊中：“夜市直至三更尽，才五更又复开张。如要闹去处，通晓不绝”“夜市比州桥又盛百倍，车马阗拥，不可驻足”。（图27-7）在商业贸易发达的江南名城吴郡，“近者坊市之名，多失标榜，民不复

图27-7　临安北关夜市

（引自陈高华、白钢、吴如嵩《中华古文明大图集·第四部·通市》）

称。”（《吴郡·因经续记》）到宋仁宗景佑年间，北宋政府不得不做出了妥协，允许临街设店，这一措施标志着延续一千多年的里坊制度最终崩溃了。

“在城池规划中产生的‘大街小巷’布局，是从北宋东京城开始萌芽，到元代大都城的规划就更明确了。到明清时的北京城尤其明显，深入人心。”（张驭寰《中国城池史》）封闭式的里坊制衰败后，代之而起的是按街巷分地段规划的新型坊巷制。“坊巷”之称，始见于北宋晚年东京。这时的坊里周围没有围墙，呈开放型，跨街建有“坊表”，“坊表”上书写坊名。坊巷内的道路与城市街道相连，坊巷之间可自由往来。坊巷内布置有城市商业网的基层网点，如茶楼、酒肆、浴室等。在《东京梦华录》中还详细描绘了“御街”的美丽景象：“中心御道，不得人马行住，行人皆在廊下朱杈子之外。杈子里有砖石甃砌御沟水两道，宣和间尽植莲荷，近岸植桃李梨杏，杂花相间，春夏之间，望之如绣。”北宋临安坊巷还设有学校，“乡校、家塾、舍馆、书会，每一里巷须一二所，弦诵之声，往往相闻”（《都城胜记》），这些变化体现出城市由旧的里市分区规划体制，演变为新的坊巷有机结合的规划体制。坊巷既是城市聚居组织单位，也是城市组织管理单位。宋制坊巷之上设有“厢”。宋太宗至道元年（995年），开封新旧城内为十厢，一百二十一坊。据考察，宋代一些较繁华的城市中都是设厢的，靖康以后各城市中厢的设置更趋普遍。在“城中曰坊，近城曰厢，乡都曰里”中，“厢”与“坊”同级但离城中心的远近有别，宋代“厢”已演变成为“坊”的上一级城市组织单位。

元代都城的营建继承了两宋以来的坊巷制，东西有六条大街，南北有七条大街。据元末熊梦祥所著《析津志》载：“大都街制，自南以至于北谓之经，自东至西谓之纬。大街二十四步阔，小街十二步阔。”《马可·波罗行记》记载详备，摘抄如下：“街道甚直，此端可见彼端，盖其布置，使此门可由街道远望彼门也，……各大街两旁，皆有种种商店屋舍。全城中划地为方形，划线整齐，建筑屋舍。……其美善之极，未可言宣。”元大都内居民被分为五十坊，这些坊是在城市主干道划分的地域内，结合纵横交错的次干道，按地段而划分的。坊均不设坊墙，以干道为界。各坊也立有坊表，坊表上有坊名。

明清的都城在元大都的基础上进一步发展，明永乐划北京为五城，领四十坊。明北京五城相当于宋的厢级（图 27-8），坊仍然为基层行政单位。经纬相交的城市干道和密如弦丝的街巷，构成了城市的交通网络。干道两边散布着各种商店和作坊，栉比的胡同小巷则是市民居住区。里坊只是管理机构的名称，有些里坊甚至连坊牌也遗落了。里坊制度及其变体（坊巷制）作为国家权力对于基层社会的一种严格管理制度，一直传继到明清甚至民国时期。

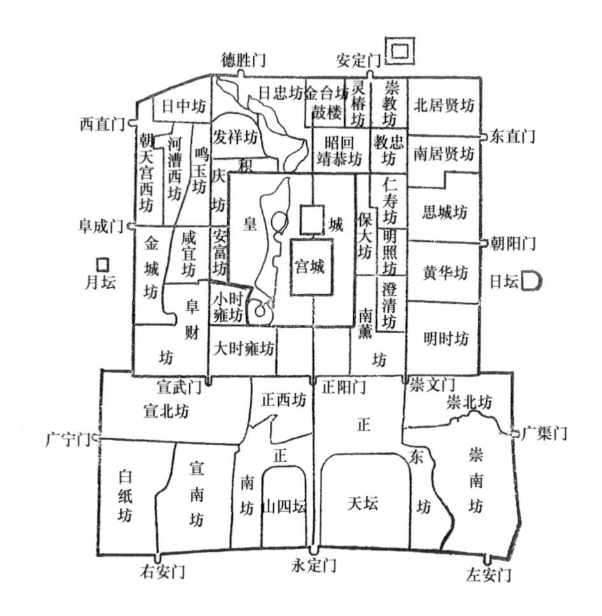

图 27-8　明代北京城内“坊”的分布图

（引自孙大章《中国古代建筑史》第五卷）

28 处商必就市井

《古史考》云：“神农作市，高阳氏衷，市官不修，祝融修市。”《世本》曰：“井，八家共一井，象构韩形……古者伯益初作井。”所谓神农作市、祝融作市、伯益作井虽是传说，但说明早在神农氏时代就已经出现有组织的贸易活动。

《说文解字》曰：“市，买卖之所也。市有垣。”其本意就是前往市场进行买卖交易，最初的市多为露天的广场。古之市多与“井”连用，称“市井”。“市井”之称，最早见之于《国语·齐语》，谓齐桓公以管仲为相，把国都划分为二十一个乡，其中士农之乡十五个，工农之乡六个，使市农工商分区居住，“昔圣王之处士也，使就闲燕；处工，就官府；处商，就市井；处农，就田野。”《管子·小匡》也有“处商必就市井”的相同记载，尹知章注：“立市必四方，若造井之制，故曰市井。”《春秋井田记》亦曰：“因井为市，交易而退，故称市井也。”“市井”就是专供商人贸易之地，后多引申为商人或者商业贸易的代称。对“市井”来源的理解至少从东汉开始就众说纷纭，莫名所以。《汉语大词典》就归纳了五种关于市井的解释，其中，应劭的解释比较流行，他在《风俗通义》中说：“市，亦谓之市井，言人至市有所鬻卖者，当于井上洗濯，令香洁，然后到市也。”所谓“市井”，颜师古注《汉书》：“古未有市，若朝聚井汲，便将货物于井边货卖，曰市井。”

《周礼·考工记》有“面朝后市，市朝一夫”的都城管理制度（图 28-1），所谓“面朝后市”，“市”在“国”中有固定的位置。据有关专家研究认为，这种布局是由于原始部落中，男部落主要从事管理朝政，而市场则由其妻子掌管，这与“前朝后寝”的布局思想一致。所谓“市朝一夫”，古称百亩为“一夫”，意思是朝与市各占地百亩。有学者说，如此的城市格局说明中国自古重视政治而忽视经济。但张良皋先生却认为，“前朝后市，显然是‘朝’

‘市’并提；市，在字面上仅次于朝，同当国之枢轴……说中国人认识不到经济之重要完全不确切……取市朝面积相等之义，可知古人心目中，市的重要性并不亚于朝。”（《匠学七说》）

据文献资料，战国时代开始已有封闭结构的市区，当时秦国的都城雍，已设有热闹的“市”，市门是群众经常进出之处，因而成为公布赏格的地方。根据考古资料，秦国都城雍遗址的东北部，发现了“市”的遗址，平面作长方形，东西宽180米，南北长160米，四面围墙基址厚1.5～2米。四面围墙都开有市门，已发掘的西门，南北长21米，东西宽14米，入口处有大型空心砖作为踏步。战国时代的市，据《史记·孟尝君列传》记冯驩说：“君独不见夫趣市朝者乎？明旦，侧肩争门而入，日暮之后，过市朝者掉臂而不顾。非好朝而恶暮，所期物忘在中。”已有早晚定时开闭市门的规定。

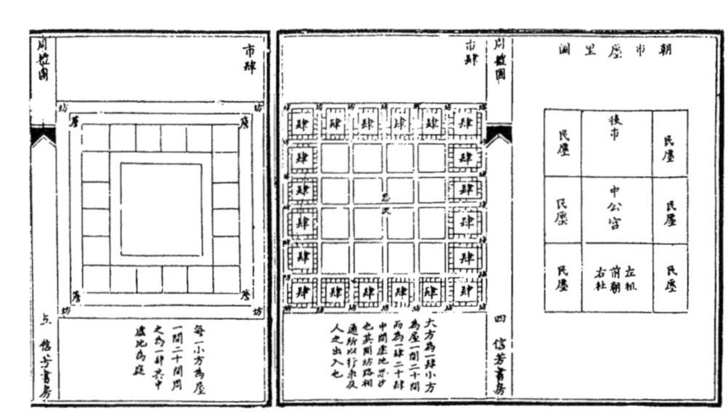

图 28-1　朝市厘里图、市肆图

（引自曹春平《中国建筑理论钩沉》）

汉代长安城里最初有东、西二市，后增至九市。《三辅黄图》记汉长安城的“市”：“长安市有九，各方二百六十步。六市在道西，三市在道东。凡四里为一市……夹横桥大道，市楼皆重屋……旗亭楼，在杜门大道南。又有柳市、东市、西市，当市楼有令署，以察商贾货财买卖贸易之事，三辅都尉掌之。直市在富平津西南二十五里，即秦文公造。物无二价，故以直市为名。”张衡《西京赋》也记载长安：“尔乃廓开九市，通阛带阓，旗亭五重，俯察百隧。……彼肆人之男女，丽美奢乎许史。若夫翁伯浊质，张里之家，击钟鼎食，连骑相过。”从这些文字描述中可以看出，当时的“市”是集中而封闭的，它被规划在一个特定的范围内，且面积相等。各种货物按种类排列，四周有围墙，设有市门，市中心有市楼，开市时插旗击鼓，故有旗亭之称。“市楼有令署”，专门负责维持治安，监督交易。市内男男女女，熙熙攘攘，各种娱乐饮食服务店铺，“连旗相过”。

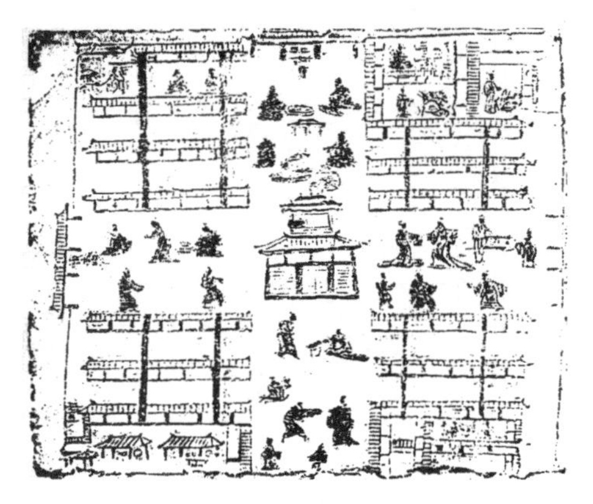

图 28-2　四川出土东汉画像砖之巴蜀市井图（引自《中国美术全集·绘画篇·画像石画像砖》）

长安之外，洛阳、邯郸、临淄、宛城、成都都是著名的商业中心。四川成都郊外土桥出土的东汉“市井”画像砖（图 28-2），为我们了解当时的市井风貌，提供了形象的原始资料。图的中间即为“市楼”（五脊重檐），楼下正中有门，楼上悬有一鼓，以市楼为中心的四个方向都有宽敞的通道（隧），四隧上人流熙攘，神态各异。市井的四周有围墙相围，东、北、西三面有门与外界相通，左边市门内题有“东市门”三字。隧的两侧为列肆，共分隔为四个交易区，每个交易区均建有 3～4 排长廊式建筑，另在市场置小屋数间，可能为管理人员住所与公共房舍，看上去井然有序。而广汉之画像砖是市井的部分场面（图 28-3），表现了市肆之市门、市楼、及商贾贸易等更生动细致的形象，下图左边门垣上题有“东市门”三字。市楼楼顶栖一朱雀，其上有隶书题记：“市僂（楼）”二字。市井门

图 28-3　广汉画像砖中的汉代市肆之形象图（引自《中国美术全集·绘画篇·画像石画像砖》）

垣管理很严，市楼上悬大鼓，是击鼓以令市，此制汉唐相承，市楼下高冠长服的官吏，当系市令或都尉。他主管市内行政和贸易活动，在楼上监视着肆隧（“俯察百隧”）人群。

汉代的市除了供物品交易之外，也有作为刑人示众的场所，古代市肆还是行刑之处。《礼记·王制》云：“刑人于市，与众弃之。”《汉书·景帝纪》云：“中元二年‘改磔曰弃市’。”应昭注曰：“先此诸死刑皆磔于市，今改曰弃市。”刘熙《释名》曰：“市死曰弃市，言与众人共弃之也。”汉唐刑律判为弃市的罪名，多不胜举。

再看左思《三都赋》中所描写魏都邺城的“市”：“廓三市而开廛，籍平逵而九达。班列肆以兼罗，设阛阓以襟带。济有无之常偏，距日中而毕会。抗旗亭之峣薛，侈所眺之博大。百隧毂击，连轸万贯，凭轼捶马，袖幕纷半。壹八方而混同，极风采之异观。质剂平而交易，刀布贸而无算。”看来，魏都邺城“市”的基本形态与汉都长安差异并不太大，不同的只是“市”的数量。这种集中而封闭的市一直延续到隋唐。

宋代修志家宋敏求《长安志》记，唐长安城的商业活动基本沿袭前朝规范，设有东、西两市，现长安东西两市位置考古已探明，东市：“南北居二坊之地，东西南北各六百步，四面各开二门，定四面街……街市内货财二百二十行（出售同类货物的店铺集中在一个区域组成行），四面立邸（供客商居住和存放货物之所），四方珍奇，皆所积集。”西市：“南北尽两坊之地，市内有西市局，隶太府寺，市内店肆如东市之制。”这种市是集中大宗交易和分工很细的专业市场，设有市令，便于管理。《长安志》崇仁坊条原注云：“北街当皇城之景风门，与尚书省选院最相近，又与东市相连接，选入京城无第宅者多停憩此，因是一街辐辏，遂倾两市，昼夜喧呼，灯火不绝，京中诸坊，莫与之比。”从“昼夜喧呼，灯火不绝”的情况看，在商业繁荣的一些坊中，夜市也已出现。事实上，居民生活供应始终可在坊内解决，至中唐以后商业活动也已突破两市，发展到里坊中去了，但对坊外街道的夜禁却仍未解除。同时，两市的交易时间仍然保持“日中为市”的古制，《洛阳伽蓝记》城东龙华寺条云：“（建阳里内土台）是中朝时旗亭也。上有二层楼，悬鼓击之以罢市。”据《唐会要 • 市》记载：“其市当以午时击鼓二百下而众大会，日入前七刻击钲三百下散。”

从唐末到宋初，由于城市经济职能的增强，封闭里坊制度的废除瓦解，代之以开放的商业街市和各类集市。传统城市中城市居民区和商业区分离的局面被打破，每到日暮鼓响就开始实行宵禁的传统已经不复存在了，兴起于宋代的“市井文化”正是发达城市文明与商业文明的产物。东京、临安等大城市的大街小巷商业店肆林立，商业交换场所多元化，市的时间和空间极大的扩展，有的渐渐发展为规模庞大的商业街；有的地方专业商店逐渐演变为按行业相对集中、沿街建店的行业街。这使城市焕发出了前所未有的生机，促使古代城市结构也因此发生了根本性的变化，一个全新的“市井”空间开始生长出来。与唐代长安入夜之后的黑暗与寂静相比，宋代东京的夜晚华灯璀璨、人声喧哗。

北宋画家张择端的《清明上河图》（图 28-4）以精致的工笔记录了北宋宣和年间汴京的城市生活，以及汴河上的拱桥交通景象，城内市肆遍布，酒楼、店肆、餐馆、旅邸、当铺、药铺、茶坊和妓馆……成群结伴去踏青的人们，以及各色人物，如小商贩、街头卖艺者、农民和乞丐、游方和尚、工匠、占卜算命者、令人眼花缭乱，目不暇接。孟元老《东京梦华录》记载：“东华门外市井最盛，盖禁中买卖在此。凡饮食时新花果、鱼虾鳖蟹、鹑兔脯腊、金玉珍玩衣着，无非天下之奇。”东华门外景明坊有酒楼名樊楼，成

图 28-4　清明上河图卷七（局部）

（引自王树村《中国美术全集》）

为“京师酒肆之甲，饮徒常千余人”，足见其规模之巨。

当然，中国古代“市”的形式也并不局限在繁华而密集的街市，还有城内及其城市附近大量特殊的“集市”。宋代的早市和夜市格外值得一提，“每日交五更，诸寺院行者打铁牌子或木鱼循门报晓，……诸趋朝入市之人，闻此而起。诸门桥市井已开……直至天明。”这是《东京梦华录》卷三的《天晓诸人入市》中所记述的城门和桥头早市的景象。所谓“趋朝”是指清晨赶早市者。除了早市还有夜市，我国最早的夜市大约出现于唐代中晚期，但是只是在极其有限的地区。“夜市千灯照碧云，高楼红袖客纷纷。如今不似时平日，犹自笙歌彻晓闻。”（王建《夜看扬州市》）这首唐诗是描写扬州的夜市。宋代以降几乎所有的繁华城市都有夜市，如东京汴梁、西京洛阳、南宋临安（参第 27 章图 27-7）以及扬州、平江（苏州）、成都等商业城市。“夜市直至三更尽，才五更又复开张。如要闹去处，通晓不绝……寻常四稍远静去处……冬月，虽大风雪阴雨，亦有夜市。”（孟元老《东京梦华录》）此为北宋东京夜市。“杭城大街，买卖昼夜不绝，夜交三四鼓，游人始稀，五鼓钟鸣，卖早市者又开店矣。”（吴自牧《梦粱录》）此为临安（杭州）夜市。《铁围山丛谈》中，还记载有东京大街上的鬼市子，“茶坊每五更点灯，博易买卖衣服、图画、花环、领抹之类，至晓即散，谓之鬼市子。”

与此同时还出现了多种类型的所谓“文化夜市”。伴随这种商业夜市而兴起的文化夜市也有很多名目，如酒楼茶坊的音乐演唱、瓦肆勾栏的技艺表演、街头的夜游观舞等。《东京梦华录》载：“新声巧笑于柳陌花衢，按管调弦于茶坊酒肆”，据传南宋柳永所作艳词就常被求索于青楼酒肆的歌伎，叶梦得《避暑录话》记有：“教坊乐工每得新腔，必求永为辞，始行于世。”而南宋著名词人刘子翚亦有诗文描写了酒肆中歌伎的表演给自己留下的深刻印象：“梁园歌舞足风流，美酒如刀解断愁。忆得年少多乐事，夜深灯火上樊楼。”由此可见，文艺活动伴随着商业行为，两宋时期商品意识已经无孔不入地进入文艺活动的各个方面。

瓦子，又称瓦舍、瓦肆、瓦市。瓦肆是宋元时期特有的市民娱乐场所，《都城纪胜》称：“瓦者，野合易散之意也。”《梦粱录》云：“瓦舍者，谓其

图 28-5　甘肃敦煌莫高窟 445 窟

（引自李合群《东京梦话录》注解）

图 28-6　勾栏

（引自李合群《东京梦话录》注解）

‘来时瓦和，去时瓦解’之义，易聚易散也。”“勾栏”与“看棚”（图 28-5）是一种临时围合起来的演艺场。瓦市是以勾栏这样的戏场为中心而发展起来的集市。据称东京的瓦子有六处，在最大的桑家瓦子中有“大小勾栏五十余座”（图 28-6），《东京梦华录》中曾记有“内中瓦子莲花棚、牡丹棚、里瓦子夜叉棚、象棚最大，可容数千人。”还记载有元宵节于御街宣德楼前搭建露台：“楼下用枋木垒成露台一所，彩结栏槛……教坊、钧容直、露台弟子，更互杂剧。……万姓皆在露台下观看，乐人时引万姓山呼。”有的露台很大，百艺群工，竞呈奇技，露台乃是一种用木构件搭筑的四面凌空、观众四面围观的舞台（图 28-7）。在金代稷山墓葬中留下有“舞亭”的珍贵资料，是一种戏台对面及两厢的建筑皆为观众席的传统演出建筑模式，娱乐建筑在宋、金时代完成了从“露台”向正式舞台的转变。瓦子中表演的技艺项目繁多，内容丰富，如有引人入胜的“说话讲史”、惟妙惟肖的傀儡戏、奇特惊险的杂技、情节完整的杂剧、巧借灯光的皮影戏等数十种，这就要求瓦子勾栏的建筑在功能和形式上有很大的适应性和可塑性。《马可 • 波罗游记》中曾对宋末元初临安的“瓦市”有如下的描述：“除了街道上有不计其数的店铺外，还有十个大广场或市场”“这些广场每一边长八百多米”“每个市场，一周三天，都有四万到五万人来赶集”“这十个方形的市场，每一个都被高楼大厦环绕着，大厦的下层是商店，经营各种制品，出售品种齐全的货物”“妓女们麇集在方形市场附近”。

图 28-7 明崇祯（1628—1644 年）刻本《青州风物志》所绘制的法庆寺中用于演出的台子（引自薛林平《中国传统剧场建筑》）

宋代庙市流行，不少寺院定期举行盛大的庙会和集市，汴梁大相国寺庙会就有“每月五次开放，万人交易”的场景（《东京梦华录》）（图 28-8）。

历史上著名的庙会还有清代北京的隆福寺、妙应寺庙会、苏州的玄妙观庙会等。还有一种节日集市，主要供应节日特殊需要的商品。一种是“草市”，或称“墟市”，设在乡间的一种定期集市。一般是三日一市，叫作“趁墟”或“赶墟”。一种是“榷场”，是设在宋、西夏、辽、金交界处的一种“互市”市场，由朝廷严格管控，专门从事国家或民族之间的贸易活动。

还有两例特殊的市场：一是宋代东京，在南门御街左右千步廊，这里“旧许市人买卖于其间”是很兴盛的街市，直到北宋晚期政和年间才禁止买卖。另外是在元大都有众多“穷汉市”，穷汉应是城市最下层居民的集市，它们所处的位置必然靠近下层居民的集居地，“市人买卖”及“穷汉市”的存在是值得关注的社会现象。

随着时代的变化，就是陆以湉在《冷庐杂谈》中所说的：“南方曰市，北

图 28-8　万寿山过会图

（引自王树村《中国民间美术全集 · 绘画》）

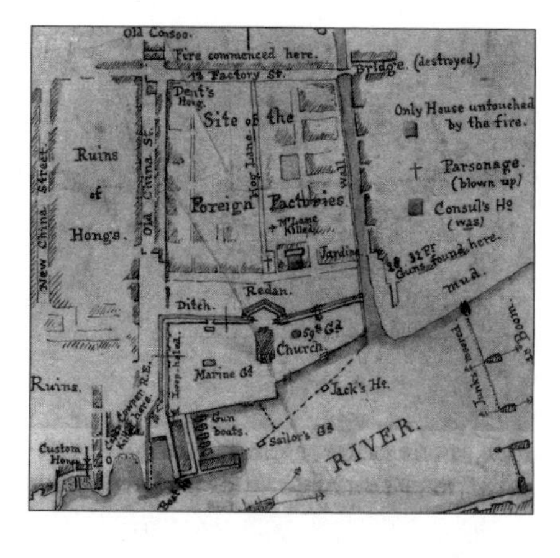

图 28-9　广州十三行平面图

（引自（英）孔佩特《广州十三行》）

方曰集，蜀中曰痎，粤中曰墟，滇中曰街子，黔中曰场。”名称的变化只是一种形式。由于工商业的迅速发展，使中国封建社会长期以来形成重农抑商的传统遭到了强有力的冲击，商人的社会作用日益为人们所认识，开始出现了“工商亦为本业”的思潮。商业的发展对市井建筑的发展起了推波助澜的作用。

康熙帝二十四年（1685 年）开放海禁后，清廷分别在广东、福建、浙江和江南四省设立海关。广州十三行，是清代设立于广州的经营对外贸易的专业商行，又称洋货行、洋行、外洋行、洋货十三行。1757 年，乾隆下令“一口通商”，四大海关仅留广东一处，“十三行”更是达到鼎盛时期，几乎所有亚洲、欧洲、美洲的主要国家和地区都与十三行发生过直接的贸易关系，对中国后来的经济发展甚至世界贸易都产生了重要影响。1856 年，繁盛一时的“十三行”处所在英法联军的炮火中付之一炬，英国商人也将经营中心转至香港，“十三行”从此退出历史舞台。广州十三行对现代商业的发展，对中国几千年来“市井”的概念进入现代商业社会起到了积极的

作用（图 28-9）。

“十三行”在明朝广州“怀远驿”旧址旁建造房间一百二十间，供外商食宿和存货，称“商馆”，亦称“夷馆”和“洋馆”。商馆以包租的形式提供给外国商客食宿、存货和开展贸易活动，这些商馆的建筑都是西洋式，“每个商馆都有几横排楼房，从一条纵穿底房的长廊通过”，其结构“有若洋画”“中构番楼，备极华丽”（参第 24 章图 24-6）。广州十三行是中外建筑大融合，对中外建筑的交流也起到了极大的作用。

29 天子“辟雍”与诸侯“泮宫”

相传夏、商、周三代，学校即已兴起，周代的学校教育更为发达。《礼记·学记》曰：“是故古之王者建国君民，教学为先。”《礼记·王制》所言最详：“天子命之教，然后为学。小学在公宫南之左，大学在郊。天子曰辟雍，诸侯曰泮宫。”《礼记》记载有辟雍、上庠、东序（亦名东胶）、瞽宗、成均为五学，均为大学。其中以辟雍为最尊而居中。孙诒让《周礼·正义》对西周学制的考辨，辟雍盖分为五学：居中的即以辟雍命名，也称中学或太学；南面曰成均，也称南学；北面曰上庠，也称北学；东面曰东序，也称东学或东胶；西面曰瞽宗，也称西学或西雍（图29-1）。这些名称具有历史继承性，“学礼者就瞽宗，学书者就上庠，学舞干戈羽龠钥者就东序，学乐德、乐语、乐舞者就成均。辟雍唯天子承师问道，养三老五更，又出师受成等就焉。”王圻在《三才图会·宫室卷》中这段话讲明了五学的不同教学分工。《礼记·祭义》说：“天子设四学。”孔颖达疏“四学”为“四代之学”，即虞学、夏学、殷学与周学，证明西周大学各个课堂的命名是沿袭前代的学校名称而有所增益。

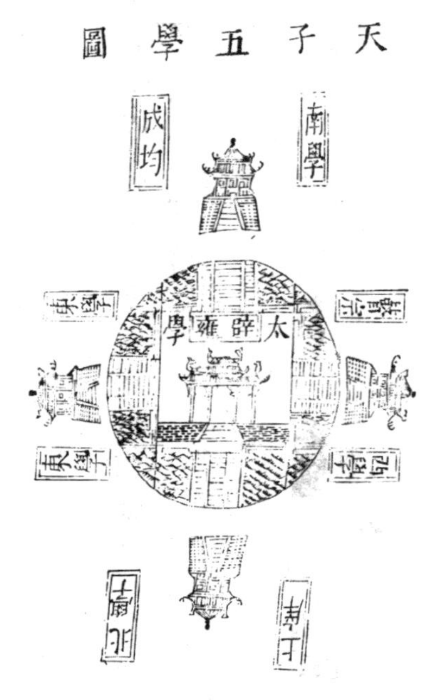

图 29-1 天子五学图

（引自王圻、王思义《三才图会·宫室卷》）

“辟雍”是古代的一种学宫，本为西周天子为教育贵族子弟而设立的大学。男性贵族子弟在里面学习作为一个贵族所需要的各种技艺，如礼仪、音

乐、舞蹈、诵诗、写作、射箭、骑马、驾车等。段玉裁《说文解字注》：“太学即辟雍也。”太学即大学。天子的大学叫辟雍，诸侯的大学叫泮宫，同是大学而名分不同，恰是西周等级制度森严的反映。辟雍者，辟借作璧字，言其为一圆形。雍字当写作广字下面加一个邕。邕字乃四方有水，土在其中。广是高屋之形，即指学校的建筑，四面环水，此乃当时天子所辖政府之学校。《礼记·王制》云：“其余诸侯止有泮宫一学，鲁之所立，非独泮宫而已。”《诗经·鲁颂·泮水》曰：“思东泮水。”朱熹《诗集传》释：“泮水，泮宫之水也。诸侯之学，乡射之宫，谓之泮宫。”是为当时诸侯有泮宫之证，此为诸侯国中大学。天子之中央大学四面环水（图 29-2），诸侯之地方大学三面环水。泮宫者，泮是半圆形之水（图 29-3）。如郑玄所说：“泮之言半也，半水者，盖东西门以南通水，北无也。”在形制上，表明了中央与地方的尊卑之分。此后历代，全国各省县，均有孔子庙，庙旁有明伦堂，堂前有泮水（图 29-4），即承古代泮宫遗制。清代秀才入学，即称入泮。

图 29-2　天子辟雍图

（引自王圻、王思义《三才图会·宫室卷》）

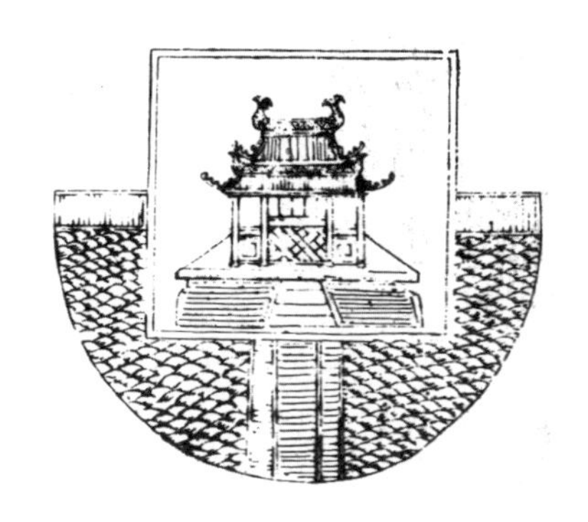

图 29-3　诸侯泮宫图

（引自王圻、王思义《三才图会·宫室卷》）

东汉建初四年（79 年），汉章帝亲自主持了一次全国性的经学讨论会，会后由班固等编撰成《白虎通德论》，其中有一节专门讨论辟雍的《辟雍》篇，其云：“天子立辟雍何？所以行礼乐，宣德化也。辟者，璧也，象璧圆，又以法天；于雍水侧，象教化流行也。璧之为言积也，积天下之道德也；雍之为言雍也，雍天下之残贼。故谓之辟雍也。”《麦尊》铭文：“在辟雍，王

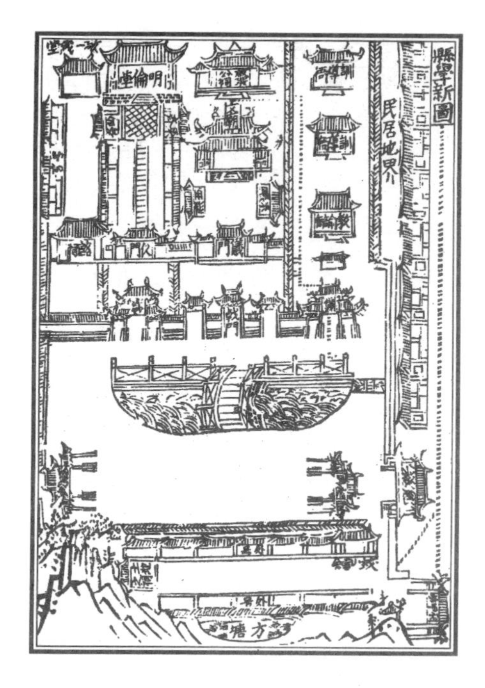

图 29-4 《嘉靖龙溪县志》插图中的泮池
（引自陈同滨、吴东、越乡《中国古代建筑大图典》）

乘于舟为大丰。王射击大龚禽，候乘于赤旗舟从。”《五经通义》曰：“天子立辟雍者何？所以行礼乐、宣教化、教导天下之人，使为士君子、养三老、事五更，与诸侯行礼之处也。”《说文解字》曰：“天子飨饮辟雍。”段玉裁注：“飨饮，谓乡饮酒也……是天子养老之礼，即乡饮酒之礼。”由此可见，辟雍的功能除教化讲学外，还有养老、行礼、班政的功能。《礼记・王制》云：“天子将出征……受命于祖，受成于学。出征，执有罪；反，释尊于学，以讯馘告。”《诗经・鲁颂・泮水》曰：“既作泮宫，淮夷攸服。矫矫虎臣，在泮献馘。淑问如皋陶，在泮献囚。”描写了在辟雍和泮宫誓师、庆功、献囚的场面。可见古代教育与礼制不分，礼制本身就是教育的内容。今人钱玄在《三礼名物通释》中也指出：“古太学称辟雍。……辟雍为国子受学之处，又为养老、乡饮、乡射之处，又为献俘之所。”可见，古之辟雍兼有多种功能。到汉代时，祀与学逐渐分离了，辟雍的功能逐渐以祀礼为主了，而太学则行学礼。

《诗经・大雅・思齐》：“雍雍在宫，肃肃在庙。”古籍中屡有西周辟雍的记载。辟雍的形制在文献中虽只言片语，也多有描写。《韩诗》：“辟雍者，天子之学，圆如璧，雍之以水，示圆，言辟，取辟有德。不言辟水，言辟雍者，取其雍和也。”《毛诗》有：“辟雍，水丘如璧。”蔡邕《明堂月令论》：“取其四面周水，圆如璧。”朱熹《词集传》也记载：“辟雍，天子之学，大射行礼之处也。水旋如璧，以节观者，故曰辟雍。”可以看见，辟雍得名，从外形上是因为它环水以璧，从内涵上象征雍和。《周礼·正义》曰：“天子曰辟雍，辟为圆璧形，筑土引水使四方均得来观，则辟雍之内有馆舍而实无墙院也，其制环之以水，圜象天也。”东汉李尤《辟雍赋》：“辟雍岩岩，规矩圆方。阶序牖闼，双观四张。流水汤汤，造舟为梁。神圣班德，由斯以匡。”北魏郦道元《水经注·谷水》记载：“又迳明堂北，汉光武中元元年立，寻其基构，上圆下方，九室重隅十二堂，蔡邕《月令章句》同之，故引水于其下，为辟雍也。”可见天圆地方，四周环水，内有馆舍而实无墙院是辟雍建筑的基本框架（图 29-5）。临淄出土的东周漆器上有亚字形建筑，四面各有一座三间殿堂，外饰一圈水纹，或即辟雍的形象（图 29-6）。

图 29-5 《皇受育民图》

（引自［清］《钦定书经图说》）

图 29-6 山东临淄郎家庄东周 1 号墓出土漆器宫室图案残画

（引自杨鸿勋《杨鸿勋建筑考古学论文集》）

据《诗经·大雅·灵台》的描述，周文王在“灵囿”内建有“灵台”和“辟雍”，都是通神灵、明教化的坛庙建筑雏形。汉有三雍或称三雍宫，即明堂、辟雍和灵台。东汉的蔡邕、卢植等经学家都认为古之雍本来异名同实，三雍指同一建筑。上有高台可以望令，故称灵台；通神灵，感天地，正四时，宣政教，故称明堂；外环水如璧，故又可称为辟雍。卢植还认为，三雍到了汉时才渐分为三座建筑。

近年来考古工作者已先后发掘了东汉洛阳的辟雍、灵台遗址。辟雍、明堂、灵台分立，建筑形式各有不同。辟雍遗址位于开阳门外大道东侧，遗址为正方形，由主体建筑、围墙、圜水沟三部分组成。辟雍的主体建筑建于围墙内正中，围墙平面呈方形，边长约 170 米，围墙外周绕圈水沟。在遗址上发现有著名的晋武帝三临辟雍碑，碑文记载司马炎曾三临辟雍，考察太学学生的“德行”“通艺”，并进行赏赐；皇太子司马衷也两次来到辟雍与全体师生见面。据《后汉书·儒林外传》，东汉辟雍始建于光武皇帝中元元年（56年），尚未亲临其境，光武帝便驾崩了。据《后汉书》卷一记“是岁初起明堂、灵台、辟雍及北郊北域”。《东京赋》云：“左制辟雍，右立灵台。”此处遗址的发现，佐证了史书的记载。唐刘禹锡《酬杨司业巨源见寄》：“辟雍流水近灵台，中有诗篇绝世才”应是这类建筑的文学描述。

西汉长安南郊的辟雍遗址（图 29-7、图 29-8 ）是今日所知汉代明堂辟

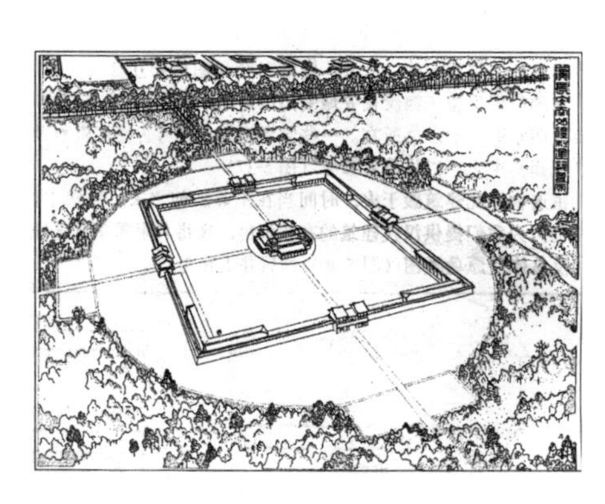

图 29-7　西汉长安南郊辟雍（明堂）复原图

（引自杨鸿勋《杨鸿勋建筑考古学论文集》）

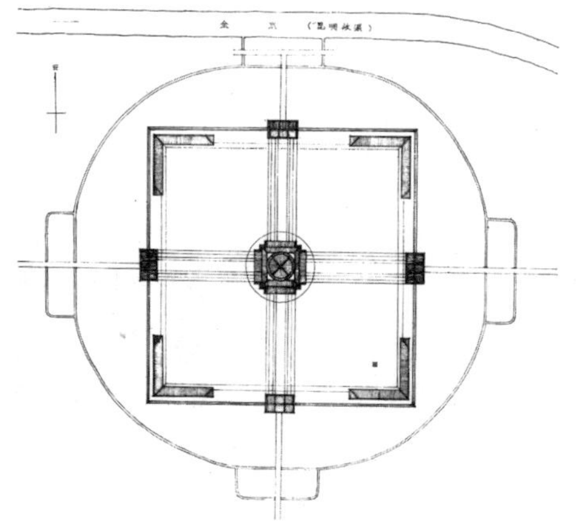

图 29-8　西汉长安南郊辟雍（明堂）遗址平面实测图

（引自杨鸿勋《杨鸿勋建筑考古学论文集》）

雍之实例。平面正中的建筑坐落在直径 62 米的圆形夯土基台上，呈亚字形台榭，每边长 42 米。中心建筑四周，由四面围墙、四向远门和四角曲尺形配房围成方院，围墙外环绕一圈环行水渠。整组建筑形成圜水方院和圆基方榭的双重外圆内方格局。中心建筑正中为 17 米见方的中心台体，四隅各有两个方形小夯土台。中心台体上建一大尺度的方室，为“太室”，外侧小夯土台上各建一小室，与太室一起构成中心建筑上层的五室。中心建筑的中层，在台体的四面各建一堂，这四个堂分别为明堂、青阳、总章、玄堂，上层五室与四堂构成九室（参第 4 章图 4-6）。学者对此建筑是明堂还是辟雍虽有争论，但从其形制分析，应是“明堂辟雍”一体的礼制建筑，包含了两种建筑名称的含义。《通典》说：“故戴德以明堂、辟雍是一物。”《王莽传》记有：“居摄元年正月，莽祀上帝于南郊，迎春于东郊，行大射礼于明堂，养三老五更，成礼而去。”可见当时的这座明堂确是兼作辟雍使用。因此，如果把它统称为“明堂辟雍”也无不可。钱穆在其《国史新论·中国教育制度与教育思想》中谈到：“‘明堂辟雍’是一座建筑，但它包含两种建筑名称的含义，它是中国古代最高等级的皇家礼制建筑之一。明堂是古代帝王颁布政令，接受朝觐和祭祀天地诸神以及祖先的场所。辟雍即明堂外面环绕的圆形水沟，环水为雍（意为圆满无缺），圆形象辟（辟即璧，皇帝专用的玉制礼器），象征王道教化圆满不绝。”

金、元、明三代都没有建过辟雍。清代乾隆以为，辟雍是《诗经》《周礼》提到过的，元、明以来五百年有国学而无辟雍，名实不副。乾隆四十八年，皇帝下谕内阁：“稽古国学之制，天子曰辟雍。所以行礼乐，宣德化，昭文明，而流德泽，典至钜也……着派礼部尚书德保、工部尚书兼管国子监事务刘墉、侍郎德成敬谨前往阅视，度地鸠工，诹吉兴建。”“又谕内阁，添派工部尚书金简办理辟雍工程。”这难倒了受命承建的人，因为年久失传，辟雍样式已不可寻。

清代国子监辟雍建成于清乾隆四十九年（1784 年），是我国现存唯一的古代皇家“学堂”。辟雍按照周代的制度建造，坐北向南，平面呈正方形，深广各达丈三尺，通高 34 米，除石基外，全部为传统的木质结构。四角是攒尖重檐顶，黄琉璃瓦覆盖在顶部，外圆内方，环以圜池碧水，以喻天地方圆、传流教化之意。四周以回廊和水池环绕，池周围有汉白玉雕栏围护，辟雍四面开门，圆形水池上东南西北各建一座石桥通达四门，连接内外，构成了辟雍的独特建筑风格（图 29-9）。

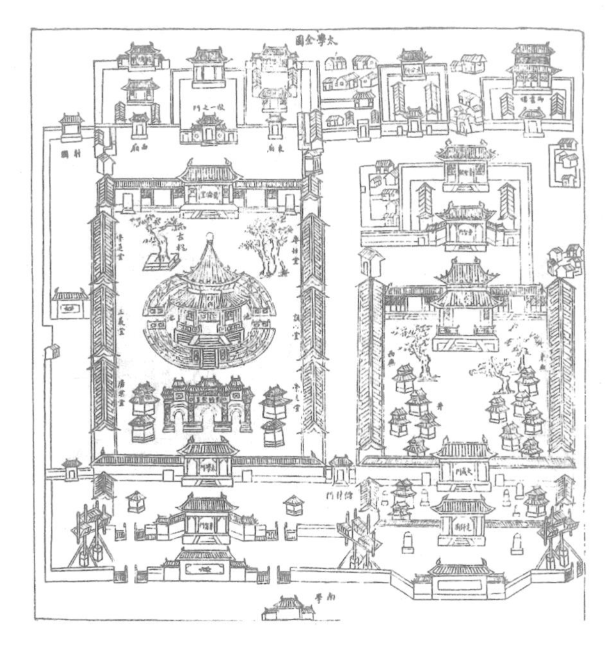

图 29-9　光绪十二年《顺天府志》中的《太学全图》

（引自陈同滨、吴东、越乡《中国古代建筑大图典》）

乾隆五十一年二月，乾隆皇帝亲临新建的辟雍讲学，对辟雍的建造很是满意，还为辟雍写了一副对联：“金元明宅于兹，天邑万年今大备；虞夏殷阙有间，周京四学古堪循。”对联的意思是说金代建都北京，直到现在，京城的典章制度才完备；虞、夏、殷欠缺，辟雍是依照周朝式样建造的。

30　长亭短亭

“亭”作为一种建筑物源于何时，建筑考古上未得出明确结论。“中国新石器时代的建筑考古发掘中，未见亭的踪影，殷周之时的中国是否已有亭的建造，有待建筑考古证明。”（王振复《中国建筑文化大观》）《说文·高部》曰：“亭，民所安定也。亭有楼，从高省，丁声。”《释名》说：“亭，停也，人所停集也。”《民俗通义·佚文六》：“亭，留也。今语有亭留、卒待，盖行旅宿食之所馆也。”可见，“亭”的本义是古代设在路旁供旅行者的停宿之所。亭的出现可上溯至商周时期，国与国之间为了战略防御在边境上设亭，用以观察敌情，传递烽火，其基本形制尚未十分成熟。亭之名称，则始于春秋战国时期前后。到了秦汉以后，亭发展成为一种多用途、实用性强的建筑形象。

《汉书·百官云卿表》曰：“亭有二卒，其一为亭父，掌开闭扫除，一为求盗，掌捉捕盗贼。”张守节《史记正义》云：“秦法，十里一亭，十亭一乡。亭长，主亭之吏。”蔡质《汉旧仪》：“洛阳二十四街，每街一亭，十二城门，每门一亭，人谓之旗亭。”就其功能而言：有设在边防城墙、军事要塞处的亭候、亭障、亭燧等；有设在交通要道上作为驿站、邮递、停歇之用等；有设在城市的街亭、门亭；有行政管理机构的乡亭、都亭、市亭、旗亭等。刘致平先生在《中国建筑类型及结构》中说“在早年秦汉以后，亭却不是观赏用的建筑，它有许多种房的意义，建筑式样也不是后来亭子的式样”“总之古代的亭多半是有许多房间或成组的建筑，与后来所说的园林里的亭是大不相同的”。四川广汉市新平镇的汉画像砖上（图30-1），有一座穿斗式带气窗的邮亭建筑，亭内有二人正在交接文书。山东微山县两城镇出土的东汉画像石中也有汉代亭的形象（图30-2）。

随着魏晋时期园林建筑的兴起，亭的观赏价值得到显现，并且在之后的历史发展中，亭子的功能性逐步减弱，而观赏性则占了主导地位，由之前的粗放转变为更细致、更自觉的设计经营。著名的“兰亭”，早前只是建在湖口“兰上里”的路亭，太守王羲之和谢安兄弟为了欣赏湖光山色，将兰亭移到水中，后来晋朝的司空何天忘把亭子建在天柱山山顶，登亭远眺（图30-3）。

图 30-1　广汉市新平镇汉画像砖上邮亭

（引自高文、王锦生《中国巴蜀汉代画像砖大全》）

图 30-2　山东微山县两城镇出土的东汉画像石中的亭

（引自张道一《画像石鉴赏》）

图 30-3　明代文徵明兰亭修禊图

（引自李世葵《园冶——园林美学研究》）

隋唐时期，有“无园不亭，无亭不园”之说，这一时期亭子在形制上发生了较大的变化。取消了亭子承袭楼馆台榭的模式，增加了亭子的妙处，逐渐摆脱了亭子与楼台相似的窘境，但依然保持封闭的构造模式，平面布局也出现了六角亭、八角亭，还有圆亭。朱景玄有《飞云亭》诗：“上结孤圆顶，飞轩出泰清。”除多样的平面形式，亭子的材质也变化多样，有竹亭、茅亭、石亭等。杜甫有《高柟》诗曰：“近根开药圃，接叶制茅亭。”

进入宋代，亭子的建筑观景功能进一步加强，门窗与墙逐渐消除，“有顶无墙”，观景亭基本构造确立。宋代李诫《营造法式》中对小亭榭、亭子廊、井亭子（小木作、大木作）、行廊小亭、门亭子等做法有详细的要求。宋元的亭子比之前代各朝在制作工艺上更加繁复考究，形态也更加精巧。宋代筑亭不再像前代那样简单依山水走势来安排亭子的位置，而是运用“对景”“借景”等手法，结合自然景观，以最佳的美感来体验“江山”。

至明清以来，随着建筑技术的进步及建筑风格的相互融合，亭子的造型设计愈加丰富。计成《园冶》描述亭的平面设计：“司空图有休休亭，本此义。造式无定，自三角、四角、五角、梅花、六角、横圭、八角至十字”除平面的多边形设计外，还有海棠、扇形、双环、方胜等图案的组合设计，其布置不仅有单亭，也有亭套亭、亭连亭的连环亭，还有三五成组的组合亭；造亭的材料有木、石、砖、竹、茅等，亭子的立基规划设计应“花间隐榭，水际安亭，斯园林而得致者”，又“以随宜合宜则制，惟地图可略式也”（计成《园冶》）。或立水济，或踞湖心，或隐花间，或立山巅，“虽由人作，宛自天开”。从亭的立面造型加以欣赏，首先为人注目的，大约要数亭的屋顶了，亭子的屋顶形式有歇山、庑殿、硬山、盝顶、悬山、卷棚、十字脊、单檐、重檐，还有花样繁多的攒尖等。亭的屋顶造型，“集中了中国古典建筑最富有民族特色的屋顶精华”（覃力《亭史综述》）。这些设计类型相互组合，变化出无穷的建筑形式，达到了建筑艺术的建造顶峰。

唐宋时期，文人士大夫逐渐参与到园林的修建当中，亭子的建造也被赋予了更多的文人情结与文化内涵，亭子也成为中国文人的建筑标志，成为文人思想表达的载体，山水间点染的亭子与园林中的亭子，在意境的营造与表达上有异曲同工之妙。在园林、文学、绘画三者的贯通下，亭子相对于其他建筑的独特之处在唐宋时已基本明朗。亭这种建筑文化，与审美结合得十分密切。它的文化特征，既融于自然之中，是一种与自然为一体的中国古代传统文化的“有机建筑”。亭为历代文人雅士所独钟，宋代文人王羲之所写的《兰亭集序》，称“群贤毕至，少长咸集。此地有崇山峻岭，茂林修竹。又有清流激湍，映带左右，引以为流觞曲水”，有“仰观宇宙之大，俯察品类之盛”的雅趣。欧阳修有《醉翁亭记》，言此亭筑于林壑优美之地，“峰回路转，有亭翼然临于泉上者，醉翁亭也。”苏轼亦撰《喜雨亭记》，文章一开头就云，“亭以雨名，志喜也。”又说“为亭于堂之北，而凿池其南。引流种树，以为休息之所。”这些经久不衰的传世名篇，也因文而使不少名亭永载史册。

图 30-4　［清］袁江《沉香亭》
（引自《中国画大师经典系列丛书》）

山水画中有唐代李昭道的《湖亭游骑图》、明代文徵明的《兰亭修禊图》（图 30-3）、元代倪瓒的《松林亭子图》、明代蒋乾的《抱琴独坐图轴》和袁江的《沉香亭图》（图 30-4）等著名画作。所以亭作为特殊的建筑文化，具有浓浓的文人书卷气与淡淡的离愁别绪。赞美亭这一建筑样式的诗文是不胜枚举的，陶潜有“迢迢新秋夕，亭亭月将圆”（《戊申岁六月中遇火》），杜甫有“海右此亭古，济南名士多”（《陪李北海宴历下亭》），李白有“天下伤心处，劳劳送客亭。春风知别苦，不遣柳条青”（《劳劳亭》）的诗句读之令人怦然心动。

用于行旅、迎饯而设置的“长亭短亭”，更是赋予了极其浓郁的感情色彩。在文学作品中，屡屡可见到长亭短亭的精彩表达。北周庾信《哀江南赋》有：“十里五里，长亭短亭。”白居易所辑类书《白孔六帖》中也有“十

里一长亭，五里一短亭。”李白在《菩萨蛮》有词：“平林漠漠烟如织，寒山一带伤心碧。暝色入高楼，有人楼上愁。玉阶空伫立，宿鸟归飞急。何处是归程？长亭更短亭。”旅途连绵，行程无期，天涯茫茫，“何处是归程”？放眼望去只有“长亭更短亭”。柳永在长亭与情人告别写道：“寒蝉凄切，对长亭晚，骤雨初歇。都门帐饮无绪，留恋处，兰舟催发”（《雨霖铃》），展现了一幅多么凄美的别离场景。元代著名杂剧《西厢记》也有“长亭送别”一折（第四本第三折）：“悲欢聚散一杯酒，南北东西万里程。”描写莺莺在西风残照、衰草迷离的暮秋天气，于十里长亭送别张生的感人场景，唱词中唱到：“遥望见十里长亭，减了玉肌。此恨谁知?”

历史上名亭有很多，《古今图书集成》一书就收有800多个，其中极具文化价值的历历可数。如江西湖口因宋代文豪苏轼而立的“怀苏亭”，浙江杭州因北宋隐士林和靖而立的“放鹤亭”，江西九江因诗人白居易而立的“琵琶亭”等。历史名亭的佼佼者屡废屡建，如安徽滁州的“醉翁亭”、湖南长沙的“爱晚亭”、杭州西湖的“湖心亭”、北京的“陶然亭”等均多次重修，这四亭也被誉为古代的“四大名亭”。

王振复先生在《中国建筑文化大观》一书中将亭的文化功能列有观兵、讲学、珍藏、避暑、观瞻、迎饯、游宴、祭祀、贮水、流觞、待渡、庇护、风水、象征等十四种，功能虽多，但大都属于无实用价值之精神文化功能。亭从最早的实用功能到后期赋予了太多的精神文化功能。“亭是中国建筑物中最无实用价值而功能又最多、最奇妙的空间。英国哲学家罗素赞中国‘无用’之文化最值得欧美学习……亭之无实用，但为闲逸享受人生而设，这是无用中最大的精神功能。”（钟华楠《亭的继承》）

参考文献

[1] [汉]许慎撰，[清]段玉裁注. 说文解字[M]. 上海：上海古籍出版社，1981.

[2] [宋]孟元老. 东京梦华录[M]. 北京：中华书局，1982.

[3] [元]李好文编撰，阎琦，李福标，姚敏杰校定. 长安志图[M]. 西安：三秦出版社，2013.

[4] [元]王祯撰，缪启愉，缪桂龙译注. 农书译注(上、下)[M]. 济南：齐鲁书社，2009.

[5] [明]计成. 园冶注释[M]. 北京：中国建筑工业出版社，2009.

[6] [清]毕沅校正. 孙星衍，庄逵吉校订. 三辅黄图[M]. 北京：中华书局，1985.

[7] 杨天宇. 周礼译注[M]. 上海：上海古籍出版社，2004.

[8] 杨天宇. 仪礼译注[M]. 上海：上海古籍出版社，2004.

[9] 胡奇光，方环海. 尔雅译注[M]. 上海：上海古籍出版社，2004.

[10] 姚慧. 如翚斯飞——《三才图会·宫室卷》传统建筑文化解读[M]. 西安：陕西人民出版社，2017.

[11] 姚慧. 左祖右社——《三才图会·宫室卷》传统建筑文化解读[M]. 西安：陕西人民出版社，2017.

[12] 李欣. 中国古建筑门饰艺术[M]. 天津：天津大学出版社，2006.

[13] 刘广生，赵海庄. 中国古代邮驿史[M]. 北京：人民邮电出版社，1999.

[14] 李德辉. 唐宋时期馆驿制度及其与文学之关系的研究[M]. 北京：人民文学出版社，2008.

[15] 尉文澍. 旅馆概论[M]. 上海：上海科技教育出版社，1991.

[16] 刘叙杰. 中国古代城墙[M]. 北京：文物出版社，2001.

[17] 尹文，张锡鸟. 说墙[M]. 济南：山东画报出版社，2005.

[18] 曲英杰. 古代城市[M]. 北京：文物出版社，2006.

[19] 张驭寰. 中国城池史[M]. 天津：百花文艺出版社，2003.

[20] 杨宽. 中国古代都城制度史研究[M]. 上海：上海古籍出版社，1993.

[21] 贺业钜. 考工记营国制度研究[M]. 北京：中国建筑工业出版社，1985.

[22] 高鈐明，覃力. 中国古亭[M]. 北京：中国建筑工业出版，1994.

[23] 王国维. 观堂集林[M]. 北京：中华书局，1959.

[24] 童寯．江南园林志[M]．北京：中国建筑工业出版社，1984.

[25] 陈从周．园林谈丛[M]．上海：上海人民出版社，1980.

[26] 李亮．诗画同源与山水文化[M]．北京：中华书局，2004.

[27] 刘致平．中国建筑类型及结构[M]．北京：中国建筑工业出版社，2000.

[28] 侯幼彬．中国建筑美学[M]．哈尔滨：黑龙江科学技术出版社，1997.

[29] 王振复．建筑美学笔记[M]．天津：百花文艺出版社，2005.

[30] 王世仁．理性与浪漫的交织——中国建筑美学论文集[M]．北京：中国建筑工业出版社，1987.

[31] 常青．建筑志[M]．上海：上海人民出版社，1998.

[32] 李允鉌．华夏意匠[M]．天津：天津大学出版社，2005.

[33] 梁思成．中国建筑史[M]．天津：百花文艺出版社，2015.

[34] 刘叙杰，傅熹年，潘谷西等．中国建筑史五卷版[M]．北京：中国建筑工业出版社，2003.

[35] 萧默．中国建筑艺术史(上下册)[M]．北京：文物出版社，1999.

[36] 傅熹年．傅熹年建筑史论文集[M]．北京：文物出版社，1998.

[37] 傅熹年．中国古代城市规划建筑群布局及建筑设计方法研究[M]．北京：中国建筑工业出版社，2001.

[38] 陶振民．中国历代建筑文萃[M]．武汉：湖北教育出版社，2002.

[39] 杨鸿勋．杨鸿勋建筑考古学论文集(增订版)[M]．北京：清华大学出版社，2008.

[40] 沈福煦．中国古代建筑文化史[M]．上海：上海古籍出版社，2001.

[41] 罗哲文，王振复．中国建筑文化大观[M]．北京：北京大学出版社，2001.

[42] 王鲁民．中国古典建筑文化探源[M]．上海：同济大学出版社，1997.

[43] 赵广超．不只中国木建筑[M]．上海：上海科学技术出版社，2001.

[44] 梁思成．凝动的音乐[M]．上海：百花文艺出版社，1998.

[45] 袁行霈．中国诗歌艺术研究(增订本)[M]．北京：北京大学出版社，1996.

[46] 王洪，田军．唐诗百科大辞典[M]．北京：光明日报出版社，1990.

[47] 夏征农，陈至立．辞海[K]．上海：上海辞书出版社，2010.

[48] 广东、广西、湖南、河南辞源修订组．辞源(全两册)[K]．北京：商务印书馆，2009.

[49] 任军．文化视野下的中国传统庭院[M]．天津：天津大学出版社，2005.

[50] 陈鹤岁. 汉字中的中国建筑[M]. 天津：天津大学出版社，2015.
[51] 杨之水. 终朝采蓝[M]. 北京：生活·读书·新知三联书店，2008.
[52] 周时奋. 市井[M]. 济南：山东画报出版社，2003.
[53] 王振复. 中华意匠——中国建筑的基本门类[M]. 上海：复旦大学出版社，2001.
[54] 陈开俊等译. 马可·波罗游记[M]. 福州：福建科学技术出版社，1981.
[55] 梁思成. 梁思成文集[M]. 北京：中国建筑工业出版社，1982.
[56] 曹春平. 中国建筑理论钩沉[M]. 武汉：湖北教育出版社，2004.
[57] 贺从容. 古都西安[M]. 北京：清华大学出版社，2012.
[58] [清]李渔撰，单锦珩校．闲情偶寄[M]. 杭州：浙江古籍出版社，1985.
[59] 楼庆西. 中国建筑的门文化[M]. 郑州：河南科学技术出版社，2001.
[60] 王其亨. 风水理论研究[M]. 天津：天津大学出版社，1992.
[61] 吴裕成. 中国的井文化[M]. 天津：天津人民出版社，2002.
[62] 刘枫. 门当户对[M]. 沈阳：辽宁人民出版社，2006.
[63] 楼庆西. 户牖之美[M]. 北京：生活·读书·新知三联书店，2004.
[64] 陈维稷. 中国纺织科学技术史(古代部分)[M]. 北京：科学出版社，1984.
[65] 刘涤宇. 历代清明上河图[M]. 上海：同济大学出版社，2014.
[66] 张玲. 秦汉关隘制度研究[D]. 郑州：河南大学，2012.
[67] 张晓燕. 中国传统风景园林廊设计理论研究[D]. 北京：北京林业大学，2008.
[68] 李昕泽. 里坊制度研究[D]. 天津：天津大学，2010.
[69] 郑向敏. 中国古代旅馆流变[D]. 厦门：厦门大学 2000.
[70] 郑勉勉. 论中国汉式厨房的发展与演变[D]. 南京：南京艺术学院，2014.
[71] 韩旭梅. 中国传统建筑柱础艺术研究[D]. 长沙：湖南大学，2007.
[72] 孙婧. 中国传统建筑中的亭[D]. 西安：西安建筑科技大学，2009.
[73] 石增礼. 中国古代建筑的类型与分类[D]. 杭州：浙江大学，2004.
[74] 张朝辉. 宋代火政研究[D]. 石家庄：河北大学，2007.

后　记

中国古代传统建筑文化之博大令人感慨，内涵之精深令人着迷，实物遗存之少让人悲切，破坏之严重令人痛心！要留住中华文明的文化根基，从保护、传承建筑文化的角度出发，有很多工作可做，千头万绪。从作者本人感兴趣的建筑文化意象方面着手，做些点滴的实际工作，也算对传统建筑文化的敬畏之心。

这本书的最初意念，源于在编著《如翚斯飞》《左祖右社》两本著作的过程，这两本著作主要是对（明）王圻编纂的《三才图会》中“宫室”卷内容进行点校解读。由于《三才图会》原著“采摭浩博，务广贪多，冗杂特甚”，其“宫室”卷内容也资取广博，正是其广博丰富的内容，使我在写作过程中受到许多启发，尤其是书中提到的许多细碎的、消解、消失的建筑类型、名称，及其丰富的文化内涵。释读经典中蕴含的这些历史文化信息，却勾起了我强烈的兴趣，总想将许多的收获和想法传递分享给读者。中国建材工业出版社出版的《筑苑》系列丛书，就提供了这样的机会，使这本对传统建筑文化的疏理、拾碎成果，有了个安身之处。由于《筑苑》系列读本的篇幅要求，很多内容不能罗列其中，意犹未尽，也是小小遗憾。

本书定位是一本具有发散性思维且目标内容多向的建筑历史文化意象著作。所以书稿的名称也想意象一点。实际在最初给出版社的汇报书信中就已经确定下来了，后来又想改得严肃点，思索良久觉得最初的想法还是挺合适也就罢了。《尘满疏窗》取自纳兰性德“尘满疏帘素带飘，真成暗度可怜宵”，（《于中好》）和“谁念西风独自凉，萧萧黄叶闭疏窗，沉思往事立残阳”（《浣溪沙·谁念西风独自凉》）两首诗的诗句中。遐想独坐窗前，透过沾满灰尘的窗棂，究“思古之情”而发“求新之念”，轻拂古尘，透过房屋之眼，纳“千顷汪洋”，收“四时烂漫”，与古人对话更是与今人交流，不正是这本书的意义吗？

感谢中国建材工业出版社《筑苑》系列读本编辑部，感谢本书的责任编辑校友沈慧，没有你们的努力就没有本书的成功。感谢出版社给予帮助支持的各位老师们，虽未谋面，尤见如故。感谢陕西省军区副司令员姚天福将军为本书题写书名，感谢郝韵、赵燕二位研究生汇总资料，核查校对，鼎力相助。本书的编纂也必参考前人积累的大量文献资料，更有前辈学人贡献的丰硕研究成果，一些博士生及硕士生的研究论文也多有借鉴，还有一些期刊杂志及网络文件，恐难一一注明，这里特别说明表示感谢并致歉意。

由于编者的能力学识之限，遗漏、错误和不妥之处实难避免，均表歉意，还望专家及广大读者予以指正。

姚慧
2017 年 6 月 20 日于西安曲江

《筑苑》丛书征稿函

《筑苑》丛书由中国建材工业出版社、中国民族建筑研究会民居建筑专业委员会和扬州意匠轩园林古建筑营造股份有限公司筹备组织，联合多位业内有识之士共同编写，并出版发行。本套丛书着眼于园林古建传统文化，结合时代创新发展，遵循学术严谨之风，以科普化叙述方式，向读者讲述一筑一苑的故事，主要读者对象为从事园林古建工作的业内人士以及对园林古建感兴趣的广大读者。

征稿范围：

园林文化、民居、古建筑、民族建筑、文遗保护等。

来稿要求：

文稿应资料可靠、书写规范、层次鲜明、逻辑清晰，内容具有一定知识性、专业性、趣味性，字数在5000字左右。请注明作者简介、通讯地址、联系电话、邮箱、邮编等详细联系信息。稿件经过审核并确认收录后，会得到出版社电话通知，图书出版后，免费获赠样书一本。

所投稿件请保证文章版权的独立性，无抄袭，署名排序无争议，文责自负。

QQ咨询：815293083　　投稿邮箱：815293083@qq. com

培育新技术　再创新辉煌

江阴市建筑新技术工程有限公司

联系地址：江苏省江阴市暨阳路15号

联系电话：0510-86833917

网　　址：www.jyxjs.net

明轮藏建的理想是
致力于少数民族建筑历史文化的理性梳理和合理传承
并用理论指导和优化广大西部文化品质型城市建筑空间的建设

青海明轮藏建建筑设计有限公司

联系地址：青海省西宁市城中区南山路33号
（邮编810000）

联系电话：0971-8227843

网　　址：http://www.ml-zj.cn/

金庐精神，担当责任

坚守诚信，开拓创新

合作共赢，崛起奋进

江西省金庐园林工程有限责任公司

联系地址：江西省吉安市吉州区沿江路117号
联系电话：0796-8260328
传　　真：0796-8235558
网　　址：http://www.jlylgc.com